SCHRADER-TYPEN-CHRONIK

EMW und AWO

Die Viertaktmotorräder der DDR

SCHRADER-TYPEN-CHRONIK

EMW und AWO

Die Viertaktmotorräder der DDR

Eine Dokumentation von Frank Rönicke

Motor
buch
Verlag

Einbandgestaltung: Frank Zähringer

Bildnachweis:
Das verwendete Bildmaterial stammt aus dem Archiv des Autors sowie von Michael Zimmermann, Bautzen, Stefan Gulitz, Dirk Mahnke, Neukloster, Motorradmuseum Augustusburg und Motorrennsport-Archiv Jordan, bei denen ich mich herzlich bedanke. Sollte der Autor unwissentlich urheberrechtlich anderweitig geschützte Bilder verwendet haben, wird um Benachrichtigung gebeten.

ISBN: 978-3-613-03936-0

1. Auflage 2016

Sie finden uns im Internet unter www.motorbuch-verlag.de

Innengestaltung: TEBITRON GmbH, Gerlingen
Druck und Bindung: Graspo CZ, 76302 Zlin
Printed in Czech Republic

Inhalt

VORWORT

Die zivile Produktion motorisierter Zweiräder in Deutschland, die schon zuvor unter der massiven militärischen Aufrüstung gelitten hatte, wurde in den ersten Jahren des Zweiten Weltkrieges bis auf Null herunter gefahren. Zu den glücklichen Herstellern, die für die Wehrmacht weiter produzieren durften, gehörte BMW in München, von wo aus man unter anderem ein 750-ccm-Gespann als R 75 in den Krieg schickte. Dessen Montage verlegten die Münchener während des Krieges, zusammen mit der gesamten Motorrad-Ersatzteilproduktion, in das BMW-Zweigwerk nach Eisenach; sie begründeten somit den Motorradbau in diesem Teil Thüringens und schließlich in der sowjetischen Besatzungszone, aus der am 7. Oktober 1949 die DDR entstand. Zunächst ausschließlich für den Markt in der Sowjetunion bestimmt, begann in Eisenach 1945 die erste Motorradfertigung auf deutschem Gebiet, östlich des Eisernen Vorhangs, nach dem Krieg.

Auch in einem anderen thüringischen Ort war auf Befehl der sowjetischen Militäradministration in Deutschland (SMAD) ein Motorrad zunächst konstruiert und schließlich in Produktion genommen worden. Das ehemalige Simson-Werk in Suhl ging 1947, wie übrigens auch BMW in Eisenach, in den Besitz der sowjetischen Aktiengesellschaft »Awtowelo« über. 1948 kam der überraschende Befehl zur Konstruktion eines Mittelklasse-Viertakt-Motorrades, das 1950 in Serie ging.

Inzwischen an die DDR zurückgegeben, bekam das Simson-Werk 1954 aus dem Maschinenbau-Ministerium den Auftrag zur Entwicklung und Produktion eines Mopeds. Im Mai 1955 begann dessen Fertigung, die ein paar Jahre später einen Jahresausstoß von 200 000 Einheiten erreichte und 1961 das Suhler Viertakt-Motorrad, zum Leidwesen Tausender seiner Anhänger, aus dem Programm verdrängte.

Da war die Eisenacher EMW R 35/3 schon längst zu Grabe getragen und die nach sowjetischem Vorbild ausgerichtete Politik hatte entschieden, motorisierte Zweiräder mit mehr als 50 ccm Hubraum, die nicht zur Gattung Motorroller gehörten, fortan nur noch in Zschopau zu bauen. Und zwar ausschließlich Zweitaktmotorräder!

Die motorisierte Vielfalt auf zwei Rädern erreichte 1955 in der DDR ihren Höhepunkt, um danach aber rapide in eine Zweitakt-Monokultur abzurutschen. Aber für die ostdeutschen Wirtschaftslenker stand fest: Kriegshinterlassenschaften und zentrale Planwirtschaft ließen nur eine Bündelung der Kräfte zu, um annähernd konkurrenzfähig (Export) und marktabdeckend (Inland) produzieren zu können. Inwieweit alle dieser Strategie folgenden Maßnahmen gerechtfertigt waren, bleibt dahingestellt. Wie etwa das Ende der Motorradfertigung 1955 in Eisenach zugunsten der »Großserienfertigung« des Pkw »Wartburg« oder vor allem der Produktionsstopp des bis dahin besten Motorrades der DDR, der »Simson 425 S«, zugunsten der Ausweitung des Mopedbaus.

Die beiden Viertaktmodelle aus Eisenach und Suhl waren schon zu DDR-Zeiten Legenden und sind heute Kultfahrzeuge und gesuchte Klassiker – völlig unabhängig von jeglicher Ostalgie und Verklärung der DDR-Vergangenheit. Ihnen ein Denkmal zu setzten, ist Anliegen dieses Buches.

Frank Rönicke

1

DIE VORGESCHICHTE DER BMW R 35

Nach der Niederlage Deutschlands im Ersten Weltkrieg waren die berühmten Bayrischen Motorenwerke (BMW), die bis dato hochmoderne Flugmotoren produziert hatten, durch den Versailler Vertrag gezwungen worden, andere Geschäftsfelder für sich zu entdecken. Nach einigen weniger beachteten Versuchen im Motorradbau gelang den Konstrukteuren Fritz und Stolle dann 1923 der ganz große Wurf: ein quer gestellter Viertakt-Boxermotor mit 500 ccm Hubraum, Kardanantrieb und ein modernes Rohrrahmen-Fahrgestell ergaben zusammen das Modell R 32 und das erste Motorrad der Bayern unter dem Markennamen BMW. Diese Maschine war ein echter Meilenstein des Motorradbaus und begründete eine bis heute andauernde Erfolgsgeschichte mit dem immer noch gleichen Motoren- und Antriebs-Grundkonzept.

Die R 32 begründete 1923 den Motorradbau bei der bis dahin im Flugzeugmotoren-Bau beheimateten Firma BMW. Das Antriebskonzept mit Boxermotor und Kardanantrieb blieb bis heute erhalten.

Den damals in schneller Folge erscheinenden Weiterentwicklungen und Hubraumvergrößerungen fügten die Bayern schon 1925 das Einzylinder-Modell R 39 bei, das fahrwerksseitig an die R 32 angelehnt war und von einem modernen, ohv-gesteuerten 250-ccm-Viertaktmotor angetrieben wurde. Bei dieser Maschine standen sportliche Aspekte im Vordergrund und weniger das Ziel mit einem billigeren Motorrad breitere Käuferschichten zu erreichen. Dafür war die Maschine mit 1.870 Mark immer noch ein sehr teures Vergnügen und wurde in nur 855 Exemplaren gefertigt.

In den Münchner Werkhallen wurden statt Flugmotoren nun Motorräder gebaut. Zwischen 1923 und 1926 waren es 3100 Stück vom Typ R 32.

BMW zog sich hiernach aus dem Einzylindergeschäft zurück, wurde aber einige Jahre später durch die Weltwirtschaftskrise und die seit 1928 eingeführte Steuer- und Führerscheinfreiheit für Motorräder bis 200 ccm Hubraum gezwungen, mit der R 2 einen 200-ccm-Viertakter zu bringen, der jetzt Käuferschichten mit schwächerem Einkommen bedienen konnte. Und bediente: Die Maschine mit dem neuen BMW-Pressstahl-Rahmen, die bis 1936 gebaut und stetig weiter entwickelt worden war, erreichte mit über 15 000 gebauten Exemplaren die bis dato höchste Stückzahl eines BMW-Motorrades. Und dabei war sie mit 975 Mark nicht wirklich billig.

Schon 1925 entstand die erste Einzylinder-BMW mit der Bezeichnung R 39 (siehe auch Bild unter Kapitelüberschrift). Mit 250 ccm Hubraum und einer sportlichen Auslegung war sie eher auf Wettkampf denn auf Picknick im Grünen aus.

Als direkte Vorgängerin unserer BMW/ EMW R 35 galt aber die 1932 erschienene R 4, die ebenso erfolgreich am Markt war, wie die kleinere R 2. Da zu dieser Zeit neben der kleinen 200er nur noch 750er Boxer-Maschinen im BMW-Angebot standen, war es notwendig, ein Mittelklasse-Modell mit dem etwas ungewöhnlichen Hubraum von 400 ccm auf den Markt zu bringen. Man sprach bei diesem Modell, wie auch bei anderen BMW-Maschinen, von fünf Bauserien bis 1936.

Wer noch keinen Führerschein hat und ein Motorrad zu besitzen wünscht, dessen Handhabung und Instandhaltung eine Spielerei ist oder wer eine besonders wirtschaftliche Maschine vorzieht, wird bestimmt in der kleinen BMW das Richtige finden, denn sie ist zugleich ein Wunder an Leistungsfähigkeit.
Wie alle BMW-Maschinen kann sie gleich einem Automobil durch Abspritzen mit einem Schlauch von Schmutz gereinigt werden, der kettenlose Antrieb erspart sorgfältige Pflege und jeder Teil ist so konstruiert, daß er das Mindestmaß an Wartung benötigt: Der Luftfilter sorgt für gereinigtes Gemisch, wodurch die Lebensdauer des Motors verlängert wird, der Einhebelvergaser reguliert automatisch das günstigste Mischungsverhältnis von Gas und Luft, der leistungsfähige, obengesteuerte 4-Takt-Motor läuft quer zur Fahrtrichtung und ermöglicht die gerade bei kleineren Maschinen günstige, völlig direkte Übertragung von Kurbel- auf Kardan-Welle ohne jede Zwischenübersetzung im großen Gang. Anlassen, Schalten und Bremsen, ja selbst die nötigen Nachstellarbeiten sind so einfach, daß jedermann auch ohne irgendwelche Fahrpraxis in der BMW R 2 die ideale kleine Gebrauchsmaschine von langer Lebensdauer findet.

R 2

200 ccm führerscheinfrei

Nachdem in Deutschland im Frühjahr 1928 eine steuer- und führerscheinfreie 200-ccm-Klasse eingeführt wurde und bald darauf die Weltwirtschaftskrise an die Tür klopfte, kam BMW nicht um ein solches Modell herum.

Trotzdem blieb die 200er immer noch eine echte BMW, mit Viertaktmotor, Kardanantrieb, dem Pressstahlrahmen und der massiven Vorderradführung, unter anderem mittels Blattfedersatz. Diese Maschine wurde zum bis dahin meistverkauften BMW-Motorrad.

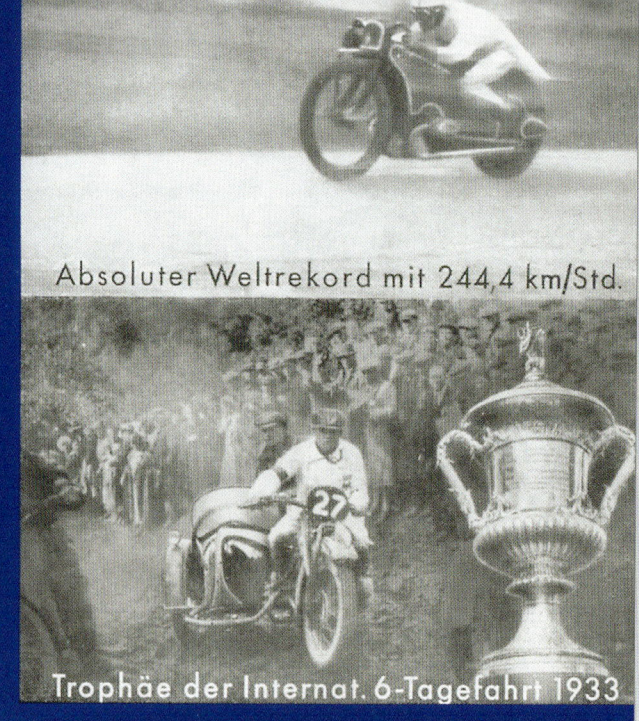

BMW
das schnellste u. zuverlässigste Motorrad d. Welt!

DIE NEUEN MODELLE

Absoluter Weltrekord mit 244,4 km/Std.

Trophäe der Internat. 6-Tagefahrt 1933

Prospekttitel für das BMW-Motorradprogramm des Jahrgangs 1934, in dem dann auch die Einzylinder-Modelle R 2 und R 4 vorgestellt wurden.

Ebenso erfolgreich wie die R 2 war das Mittelklasse-Modell R 4, allerdings spielten da schon die Lieferungen an die Wehrmacht eine nicht unbedeutende Rolle.

MOTOR: Stehender, obengesteuerter Einzylinder, Bohrung 78 mm, Hub 84 mm, Inhalt 399 ccm, etwa 12 PS Dauerleistung, Nelson-Bohnalite-Kolben, 3-Düsen-Registervergaser, Pleuelstange auf breitem Rollenlager, Kurbelwelle auf Kugel- und Gleitlager. 45-Watt-Dynamo-Zündung. Völlig gekapselter glatter Motorblock. KRAFTÜBERTRAGUNG: Trockene. Einscheibenkupplung. Getriebeuntersetzung im ersten Gang 1.3,6, im zweiten Gang 1:2,18, im dritten Gang 1:1,35, im vierten Gang direkter Eingriff. Kraftübertragung auf Hinterrad über besonders elastischen Spezialstoßdämpfer durch Kardanwelle und zwei spiralverzahnte Kegelräder mit Untersetzungsverhältnis von 1:5,12 für Solo und 1:5,63 für Beiwagen. FAHRGESTELL: Preßstahldoppelrahmen. SS-Reifen 26 x 3,5". Brennstoffbehälter faßt 12,5 Liter. Bodenhöhe des Sattels 0,69 m. Verstellbarer Lenker. Hinterrad- und Vorderrad-Innenbackenbremsen. Tachometer im Scheinwerfer. Gewicht etwa 145 kg, Länge über alles 1,98 m, Breite 0,85 m, Höhe 0,95 m, Radstand 1,32 m, Bodenfreiheit 120 mm. VERBRAUCH: Brennstoff Solo 3 bis 3,5, mit Beiwagen 3,5 bis 4 Liter auf 100 km, Öl etwa 1/10 Liter auf 100 km,

Die wichtigste Neuerung kam schon in der 2. Serie 1933, als nämlich ein Vier-gang-Getriebe mit Tank-Kulissenschaltung das bisher dreigängige mit Kugelschal-tung ablöste. Wichtig war in diesem Jahr auch der längs liegende Kickstarter, der bis dahin quer zu treten war. Nennens-werte Neuerungen waren 1934 der im Scheinwerfer integrierte Tacho, die Unter-bringung des Werkzeugkastens im Getriebe-, später im Motorgehäuse und ein Gummistoßdämpfer zwischen Getrie-beflansch und Kardanwelle. 1936 wurde das sogenannte Einheitsgetriebe unter anderem mit einem höheren Schaltdom eingeführt. Die unverwüstliche R 4 wurde in einigen Tausend Exemplaren an Reichs-wehr und Wehrmacht geliefert. Vom zivi-len Modell unterschied sich diese Maschine durch die Lackierung, die Pack-taschen und das Motorschutzblech. Sie diente hier vornehmlich als Kurier- und Ausbildungsfahrzeug, ehe sie im Zweiten Weltkrieg für diverse andere Zwecke ver-schlissen wurde.

Die R 4 in der ab 1934 gebauten 3. Serie war äußerlich am größeren Tank zu erkennen. Insgesamt gab es bis 1935 fünf Serien der R 4 mit ständigen Weiterentwicklungen.

Nachdem ab 1936 wieder 500er Boxer im Angebot waren, lag der 400-ccm-Einzylinder zu nahe bei den großen Maschinen und nach einem kurzen Intermezzo mit einem 305-ccm-Modell folgte 1937 schließlich die R 4-Nachfolgerin R 35. Obwohl BMW inzwischen wieder zu Rohrrahmen übergegangen war, kam die neue Einzylinder-Maschine 1937 immer noch mit einem Pressstahlrahmen daher. Der Motor entsprach auch ziemlich genau dem der R 4, war jetzt aber auf 342 ccm reduziert worden. Lediglich die Teleskopgabel – im Gegensatz zu den großen Boxer-Maschinen allerdings ungedämpft – unterschied die R 35 im Wesentlichen vom Vorgängermodell. Die meisten Maschinen dieses Typs wurden an die Militärbehörden geliefert, hier matt lackiert, mit einer kürzeren Übersetzung für die Kolonnenfahrt und einem Ölwannenschutz fürs Gelände. In der Nachfolge der R 4 war die R 35 bei der Wehrmacht auch in erster Linie für Kurierdienste und als Ausbildungsfahrzeug vorgesehen.

BMW-Prospekttitel für das Modelljahr 1939. Natürlich wurde darin auch die R 35 gezeigt; auf die hier dargestellte Hinterradfederung musste das Einzylinder-Modell aber noch viele Jahre warten.

Wie die R 2 und die R 4 verkaufte sich auch die R 35 über 15 000 Mal, ehe ihre Fertigung 1940 vorerst endete. Denn obwohl der Pressstahlrahmen schon Ende der dreißiger Jahre nicht mehr sonderlich modern war, wurde diese Maschine mit nur geringen Änderungen in der DDR noch bis 1955 gebaut!

Während alle anderen BMW-Modelle inklusive der kleineren Einzylindermodelle längst mit einem neuen Rohrrahmen-Fahrgestell ausgestattet waren, musste die R 35 noch mit dem alten Pressstahlrahmen auskommen.

Das allradgefederte Kraftrad

war das Problem vieler Jahre, die ausgefüllt waren mit Überlegungen und Versuchen. Schrittweise und mit überzeugenden Lösungen hat BMW dieses Ziel erreicht und als **erste deutsche Fabrik Gebrauchs-Krafträder serienmäßig mit Teleskop-Vorder- und Teleskop-Hinterradfederung ausgerüstet.** Vier Zweizylinder-Baumuster bieten dem Käufer die einmaligen Vorteile des Zusammenwirkens der Hinterradfederung, Teleskopgabel und des Vollschwingsattels, drei Punkte, die BMW das Recht geben, von „Fahrgenuß" zu sprechen.

Die BMW-Teleskop-Vorderradfederung, vor wenig Jahren serienmäßig eingebaut, bildet die Grundlage der viel bewunderten Straßenlage. Vollkommen staub- und öldicht gekapselte Gabelschäfte nehmen die Federn auf, deren Wirkung durch sinnvoll eingebaute Ölrückstoßdämpfer ausgeglichen wird. Besonderer Pflege bedarf diese Vorderradfederung nicht. Ihre ideale Ergänzung findet sie in der in Rennen und Geländefahrten erprobten BMW-Teleskop-Hinterradfederung. Das Hinterrad, samt dem im Kardan eingebauten Kreuzgelenk, schwingt an den Federn in den kräftigen Führungshülsen am Rahmenende und damit ist auch einwandfreies Spuren gesichert. Der große Vorteil der Hinterradfederung liegt nicht allein im Erzielen einer weit höheren Fahrbequemlichkeit und besonders günstiger Fahreigenschaften, sondern durch die damit bedingte größere Straßenhaftung des Hinterrades wird auch eine bessere Ausnutzung der Motorleistung erreicht. Es wird also die gesamte Leistung sozusagen auf den Boden „gebracht". Auch diese Hinterradfederung bedarf nur geringer Wartung. Bei allen BMW-Krafträdern genügt das Herausnehmen der Steckachse, um das Hinterrad rasch austauschen zu können.

Lediglich die Teleskopgabel und der geringere Hubraum unterschieden die R 35 von der letzten R 4-Serie. Die Gabel blieb allerdings ungedämpft – auf die hier beschriebenen »Ölrückstoßdämpfer« musste die Maschine verzichten. Aus heutiger Sicht sehr interessant waren die Detailzeichnungen in den damaligen Prospekten.

Sehr viele R 35 wurden bei der Wehrmacht in der Ausbildung oder für Kradmelder eingesetzt. Im Zweiten Weltkrieg wurden die Maschinen dann hoffnungslos verschlissen.

1928 kauften die Bayerischen Motoren-werke (BMW), bis dato Hersteller von Motorrädern und Flugzeugmotoren (blauer Propeller im Firmensignet), die Fahrzeugwerke Eisenach, um im lukrativen Automobilbau Fuß zu fassen. Die schon 1886 gegründete Eisenacher Fabrik, die 1921 durch den Erwerb der Gothaer Waggonfabrik zum bedeutendsten Arbeitgeber in Thüringen aufgestiegen war, hatte sich längst mit Automobilen der Marken »Wartburg« und »Dixi« einen Namen gemacht. Sogar ein Motorfahrrad hatte eine Zeit lang im Verkaufsprogramm gestanden. Insbesondere der Erfolg des in Lizenz gebauten britischen Austin Seven lockte die Bayern an, die ab 1933 selbst entwickelte 6-Zylinder-Wagen in Eisenach bauen ließen. Dieses viel versprechende und erfolgreiche Konzept fand mit dem Beginn des Zweiten Weltkrieges sein jähes Ende. Dagegen kam die Motorradproduktion bei BMW nicht ganz zum Erliegen; so baute man neben allerlei Kriegsgerät ab 1942, nun in Eisenach, das »überschwere« Krad R 75 für die Wehrmacht. Mit Beginn der alliierten Bombenangriffe auf Deutschland hatte man dessen Produktion zusammen mit den Fertigungseinrichtungen der R 35 und den Motorrad-Ersatzteillagern ins Thüringische verlegt.

Das »überschwere Krad« R 75 war bis 1944 in Eisenach gebaut worden. 18 000 Exemplare gingen an die Wehrmacht und nur wenige davon überstanden den Krieg unbeschadet.

MOTORSPORT

PREIS 0,75 DM
1. SEPTEMBERHEFT 1952

Fachblatt für den Motorrennsport und Motorsport

Mit Großvorschau auf das Internationale Sachsenringrennen

Ob es sich bei diesem R 12-Gespann um eine Nachkriegsproduktion handelt, ist nicht überliefert. Auf jeden Fall fanden einige der 1945 montierten Maschinen irgendwie ihren Weg zu verschiedenen DDR-Institutionen.

Die Bomben verschonten Eisenach allerdings nicht. Mehr als die Hälfte der Werksanlagen lag in Trümmern, als die Amerikaner im Frühjahr 1945 in die Stadt am Fuße der Wartburg einzogen. Wie unter Deutschlands Kriegsgegnern schon lange zuvor festgelegt, mussten sie jedoch das Terrain für die Sowjetarmee wieder räumen, die am 3. Juli 1945 die Verwaltung der Region übernahm.

Anders als in den meisten ehemaligen Kraftfahrzeugfabriken auf dem Territorium der Sowjetischen Besatzungszone blieb das Eisenacher Werk von Demontagen und weiteren Zerstörungen verschont. Und als erster Hersteller durfte BMW in Eisenach sogar schon sehr bald nach Kriegsende wieder Motorräder bauen. Die Montage der verbliebenen Ersatzteile der R 35 zu kompletten Motorrädern begann. Schnell waren die noch vorhandenen Rahmen verbraucht und mussten nun selbst gefertigt werden. Weitere Teile folgten, die mit Hilfe von über 200 Werkzeugmaschinen, die in einem Kalischacht bei Abtrode ausgelagert waren, wieder produziert werden konnten. Zulieferteile, wie Bowdenzüge, Lenkerarmaturen, Kugellager, Elektrozubehör oder Reifen konnten dagegen nur mit größter Mühe beschafft werden. Die meisten Zulieferfirmen der Kraftfahrzeugindustrie hatten schon immer im Westen Deutschlands gelegen und waren nach Errichtung der Demarkationslinie als Grenze zwischen der sowjetischen und den übrigen Alliierten Besatzungszonen, fast so weit weg wie der Mond. Die Fabrikanlagen der wenigen ostdeutschen Lieferanten waren entweder im Krieg zerstört oder danach von den Sowjets demontiert worden. Und obwohl die Eisenacher von den neuen Machthabern wie kein anderer Fahrzeugbetrieb in ihrem Verwaltungsbereich unterstützt wurden – schließlich waren alle produzierten Zweiräder für den sowjetischen Markt bestimmt – blieb oft trotzdem nur der abenteuerliche Weg in den Westen, um notwendige Teile zu beschaffen.

Die R 35 basierte, wie schon im vorangegangenen Kapitel beschrieben, auf einer Konstruktion aus den frühen dreißiger Jahren und löste 1937 als Weiterentwicklung die R 4 ab. Dabei war der konservativ anmutende, die Fahrzeugoptik prägende Pressstahlrahmen erhalten geblieben; das Vorderrad hing nun jedoch an einer reibungsgedämpften Teleskopgabel. Eine Hinterradfederung gab es nicht. Der 342 ccm große Einzylinder-Viertaktmotor leistete 14 PS bei 4.500 U/min und war BMW-typisch als Querläufer ausgelegt. Das sehr hoch bauende Triebwerk saß etwas nach rechts versetzt, Kurbel- und Kardanwelle (Letztere als Hinterradantrieb) lagen in einer Flucht darunter. Getrennt waren beide durch eine

Trockenkupplung und einem mit der Hand an der rechten Seite zu schaltenden Vierganggetriebe.

War in den ersten Wochen der Montage noch alles recht chaotisch und planlos gelaufen, änderte das der Befehl Nr. 93 der SMAD vom 13. Oktober 1945 zur

»Inbetriebnahme der Automobil- und Motorradproduktion im ehemaligen BMW-Werk Zweigniederlassung Eisenach«. Neben dem Pkw BMW 321 und der R 35 entstanden aus vorhandenen Ersatzteilen auch noch 102 BMW-Motorräder vom Typ R 12 und 232 Stück R 75.

Durch die Einlagerung des Motorrad-Ersatzteilbestandes ins Thüringer BMW-Werk entstanden aus diesen Teilen 1945/46 noch einmal 102 Maschinen des Typs R 12, die allesamt an die Sowjets geliefert wurden.

Letztere überwiegend als Beiwagenge-spanne. Während die R 75 mit Gelände-untersetzung, Rückwärtsgang und ange-triebenem Seitenwagen eine rein für militärische Zwecke konstruierte Maschine war, konnte die von 1935 bis 1941 gebaute R 12 auch für zivile Zwecke genutzt werden. Mit 36 000 an die Wehr-macht gelieferten Exemplaren war die R 12 dennoch das mit Abstand meistge-nutzte deutsche Militärkrad!

232 Maschinen vom Typ BMW R 75 sind in den Jahren 1945/46 noch in Eisenach entstanden. Ausschließlich für sowjetische Behörden versteht sich.

1946, dem Jahr, in dem schon 1300 R 35 in die Sowjetunion oder an sowjetische Behörden in Deutschland geliefert wurden, bemächtigte sich die russische Aktiengesellschaft »Awtowelo« des Betriebes in Eisenach. Wie übrigens auch vieler anderer halbwegs intakter Firmen Ostdeutschlands. An dort ansässige Privatleute durften erst 1949, im Gründungsjahr der DDR, die ersten BMW R 35 zum Preis von 2235 DM Ost abgegeben werden. Die Wenigsten konnten sich das leisten.

Die BMW R 12 war in München von 1935 bis 1941 gebaut worden. Mit 36 000 an die Wehrmacht gelieferten Exemplaren war es das meistgenutzte Militärmotorrad Deutschlands.

Automobil-Fabrik der Sowjetischen Aktiengesellschaft für Maschinenbau vormals BMW

Drahtwort: Bayernmotor Eisenach
Fernsprech-SA-Nr. 3061
Landesbank Thüringen, Eisenach Nr. 5740

Автомобильный завод Советского Акционерного Общества Машиностроения бывший БМВ

Телегр. адрес: Эйзенах Байернмотор
Телефон № 3061
Текущий счет № 5740 в Эйзенахском отделении банка

Postanschrift: Eisenach, Postschließfach Nr. 218—219

Auch die Sowjets wussten um die Bedeutung international bekannter Markennamen und klammerten sich lange an das BMW-Logo.

Baumuster R 35
350 ccm BMW 14 PS

Kraftrad,

die sportliche, widerstandsfähige Einzylinder-Maschine für starke Beanspruchung auf jeder Straße, besonders geeignet für den Soziusbetrieb.

Ihre hervorragendsten Merkmale sind der geschlossene Kardanantrieb und die Teleskop-Vorderradfederung. Die Betriebstüchtigkeit und Wirtschaftlichkeit sind bereits so oft unter Beweis gestellt, daß höchster Nutzen gewährleistet ist.

Der erste bekannte Eisenacher BMW-Motorradprospekt stammt vom März 1949. Das doppelseitige Blatt war vorrangig für Exportkunden bestimmt.

Ein leistungsfähiger Motor-Getriebe-Block

mit 14 PS Dauerleistung bildet die stets betriebssichere Kraftquelle. Alle beweglichen Teile sind staubdicht gekapselt. Die Lichtmaschine arbeitet mit Spannungsregulierung. Der Motor sitzt seitlich im Rahmen, also mit dem Zylinder im Luftstrom, und hat somit eine gute Kühlung. Die sorgfältige Auswuchtung des Triebwerks bewirkt einen ruhigen, erschütterungsfreien Lauf. Eine dauerhafte Einscheiben-Trockenkupplung dient zur Kraftübertragung. Sämtliche Zahnräder des Getriebes sind ständig im Eingriff und werden durch Klauen geschaltet. Die 4 Gänge erlauben es, die Motorleistung unter allen vorkommenden Betriebsverhältnissen richtig auszunutzen.

Die BMW Teleskop-Voderradfederung

arbeitet in Öl und ist ebenfalls vollkommen abgedichtet, wodurch sie keiner besonderen Pflege bedarf. Ihr ist vor allem die gute Straßenlage und angenehme Fahrweise des Rades zu verdanken.

Der kräftig gebaute geräuschlose BMW Kardanantrieb

bietet ein Höchstmaß an Dauerhaftigkeit und Betriebssicherheit. Natürlich ist auch er völlig öl- und wasserdicht. Die Antriebskegelräder sind spiralverzahnt. Schädliche Auswirkungen einer harten Beanspruchung werden durch die federnde Kardanwelle und das Gummigelenk am Getriebe vermieden.

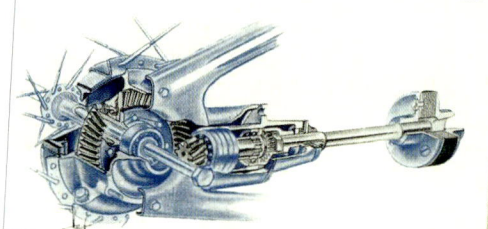

Als weitere Vorzüge sind hervorzuheben:

Steckachsen an Vorder- und Hinterrad, daher leichter Aus- und Einbau der Laufräder.

Große, kräftige Bremsen, gut abgedichtet und leicht nachstellbar.

Weiche und bequeme Sättel für Fahrer und Mitfahrer.

Starker Scheinwerfer mit eingebautem Tachometer.

Reichhaltiges Werkzeug im Behälter des Motorgehäuses.

Die Technik der R 35 blieb nach 1945 noch lange die gleiche wie vor der kriegsbedingten Produktionseinstellung.

Für Exportkunden konnte die R 35 mit viel Chrom (unter anderem Tank und Luftpumpe) und einem serienmäßigen Soziussitz geordert werden.

Jede fertige Maschine wurde für den Auslandsversand sehr aufwändig in eine Holzkiste verpackt.

So sah der Zeichner Ján Oravec die BMW R 35, die er zu den 100 wichtigsten Motorrädern der Vorkriegszeit zählte.

Eine in Eisenach gebaute R 35 ist heute eine absolute Rarität und selten anzutreffen. In der DDR waren alle R 35-Modelle gefragte Beiwagenmaschinen.

1951 erschien ein Gesamtprospekt der Fahrzeuge aus Eisenach (Titelbild unter Kapitelüberschrift), in dem nicht nur die Marke BMW weiter propagiert, sondern auch noch deren Historie ausführlich beschrieben wurde.

Als im Jahre 1923 durch die Entwicklung eines neuzeitlichen Kraftrades neue Möglichkeiten für einen aussichtsreichen Wiederaufstieg gesucht werden sollten, war man sich bei BMW darüber klar, auch auf diesem technischen Gebiete etwas Einmaliges schaffen zu müssen. Man beschritt daher neue Wege und lehnte sich an die Baugrundsätze für Kraftwagen an. Vollkommen geschlossener Motor-Getriebe-Block und schmutzsicherer Kardan-Zahnrad-Antrieb waren die kennzeichnenden Merkmale der neuen Bauart. Einen weiteren entscheidenden Schritt in dieser Richtung bedeutete dann die Einführung der Teleskop-Vorderradfederung, wodurch die technische Vollkommenheit der BMW-Krafträder erneut sichergestellt wurde. Sportliche Erfolge und Weltrekorde in ungeahntem Ausmaße waren die Bestätigung für die Richtigkeit des eingeschlagenen Weges, der eine klare Linie der Entwicklung und ein unabänderliches Festhalten an den bewährten BMW-Baugrundsätzen aufweist, zum Nutzen des Gebrauchsfahrers, der ein zuverlässiges, leistungsfähiges und stabiles,

aber auch formschönes und wirtschaftliches Kraftrad zu erhalten wünscht, das außerdem ein hohes Maß an Fahrbequemlichkeit bietet. Nach dem Kriege lag also nichts näher als aus der Reihe der besten und modernsten Baumuster dasjenige auszuwählen, das den Anforderungen der heutigen Zeit am meisten entspricht, zumal unser Werk in Eisenach neben dem Kraftwagenbau auch auf mehrjährige Erfahrungen im Kraftradbau zurückblicken kann. Die Wahl fiel auf das robuste und handliche

Einzylinder 350 ccm 14 PS Baumuster R 35,

ein Kraftrad mit sportlicher Note, das auch einmal einen harten Stoß verträgt und für starke Beanspruchung in jedem Gelände gebaut ist. Seine hervorragendsten Merkmale sind wie bei allen neuesten BMW-Rädern der geschlossene Kardanantrieb und die staubdichte Teleskop-Vorderradfederung. Seine Betriebstüchtigkeit und Wirtschaftlichkeit sind bereits so oft unter Beweis gestellt, daß man es als ein geeignetes Gebrauchsfahrzeug für die Allgemeinheit der Kraftradfahrer bezeichnen kann.

10

Die Schnittzeichnung der Antriebseinheit wurde so auch schon in früheren Publikationen gezeigt. Interessant ist die immer noch in einer Kulisse am Tank geführte Gangschaltung, die wenig später durch eine Fußschaltung ergänzt wurde.

Die BMW Teleskop-Vorderradfederung,

vor wenigen Jahren zum ersten Male serienmäßig eingebaut, bildet die Grundlage der vielbewunderten, hervorragenden Straßenlage. Die ganze Gabel arbeitet in Öl und ist vollkommen staub- und öldicht. Die gekapselten Gabelschäfte nehmen die Federn auf, deren Wirkung durch sorgfältig abgestimmte Öl-rückstoßdämpfer ausgeglichen wird.

Eine weiche und ideale Federung bedeutet aber eine gute Straßenhaltung des Vorderrades und besonders angenehmes Fahren, zumal in Verbindung mit dem bequemen, verstellbaren Lenker und dem Steuerungsdämpfer.

Einer besonderen Pflege und Wartung bedarf diese Vorderradfederung nicht, im Gegensatz zu der bisher üblichen Bauart mit ihren zahlreichen außenliegenden und starkem Verschleiß unterworfenen Lagerstellen. Die oberen Gabelverkleidungen der Teleskop-Vorderradgabel sind zugleich als Träger für den Scheinwerfer ausgebildet.

Der kräftige KARDANANTRIEB weist keine ungeschützten beweglichen Teile auf, sondern ist völlig öl- und wasserdicht, also stets dauerhaft und betriebssicher. Die beiden Antriebskegelräder sind spiralverzahnt und laufen daher nahezu geräuschlos. Die federnde Kardanwelle und ihre Gummikupplung am Getriebe vermeiden schädliche Auswirkungen harter Beanspruchung.

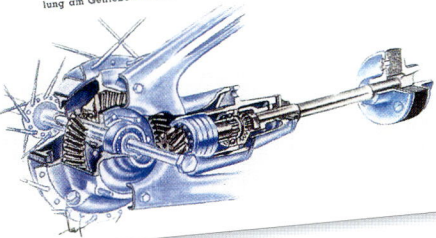

Die Kraftquelle dieses für starke Beanspruchung gebauten Tourenrades ist der leistungsfähige stehende Einzylinder-Viertakt-Motor mit einer Dauerleistung von 14 PS, an dessen Kupplungsgehäuse das widerstandsfähige Viergang-Klauengetriebe mit bequemer Tank-Kulissenschaltung unmittelbar angeschraubt ist. Der Motor sitzt seitlich im Rahmen, wodurch der Zylinder nicht vom Vorderrad bzw. Schutzblech verdeckt wird, sondern im Luftstrom liegt und eine gute Kühlung, insbesondere des mit großen Rippen versehenen Zylinderkopfes, gewährleistet ist. Die Ventile sind hängend angeordnet, die gesamte Ventilsteuerung ist staubdicht gekapselt. Die Kurbelwelle läuft vorn in einem Gleitlager, hinten in einem kräftigen Kugellager, das Pleuel ist als Rollenlager ausgebildet. Im übrigen ist das ganze Triebwerk sorgfältig ausgewuchtet, wodurch der Motor einen ruhigen, erschütterungsfreien Lauf aufweist. Das Gasgemisch liefert ein SUM-3-Düsen-Vergaser mit großem Naßluftfilter, während zur Kraftübertragung eine dauerhafte trockene Eindig im Eingriff und die Schaltung aller Gänge erfolgt durch Klauen, wodurch das Getriebe wesentlich geschont wird. Die Schalthebelstellungen sind durch eine gleichzeitig als Kniekissen verwendete Schaltkulisse festgelegt und die Schaltung ist auf diese Weise recht leicht gemacht. Ein Kraftstoffverbrauch von kaum 3,5 Liter auf 100 km beweist die Wirtschaftlichkeit dieser stets betriebssicheren Gebrauchsmaschine, die im 1. Gang eine Bergsteigefähigkeit von 40% erreicht.

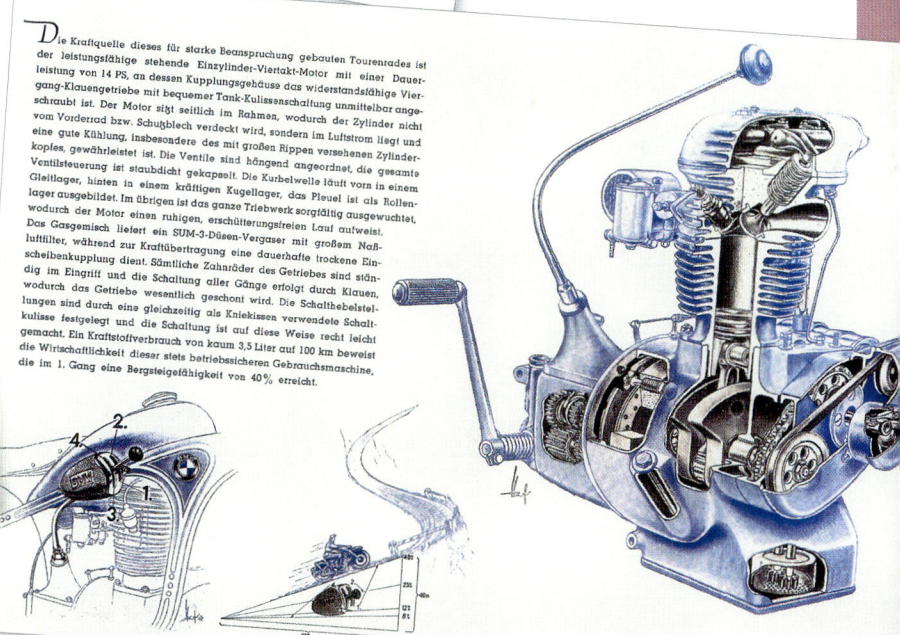

Schon 1951 erschien die BMW R 35 mit einer hydraulisch gedämpften Telegabel. Sie war ein Baustein des Zwischenmodells R 35/2, das nur wenige Monate gebaut wurde.

EMW R 35/2 UND R 35/3

Mit der Gründung der Bundesrepublik begann BMW 1949 diverse Prozesse gegen Importeure um das weiß-blaue Markensymbol zu führen und mit den ersten Exporterfolgen im Westen strengten die Münchner auch einen Prozess gegen den ehemaligen Eisenacher Ableger an. dabei erlangten sie alle Marken- und Patentrechte rund um das Firmensignet und stellten Eisenach vor ein Problem. Die Thüringer machten aus der Not eine Tugend und änderten, fast gleichzeitig mit der Übergabe des Werkes an die IFA (Industrieverband Fahrzeugbau der DDR), im Juli 1952, die Bezeichnung des Werkes zunächst in »Eisenacher Motorenwerke (EMW)« und wenig später in »VEB IFA Automobilfabrik EMW Eisenach«. Aus BMW wurde also EMW und den blauen, rotierenden Propellerflügel des BMW-Zeichens tauchten die Thüringer nun in kommunistisches Rot. Tatsächlich wurden die Markenzeichen anfangs einfach übermalt.

Das Motorrad selbst erfuhr im gleichen Jahr (erste Maschinen gab es schon Ende 1951) mittels hydraulisch gedämpfter Teleskopgabel, Fußschaltung, verbesserter Elektrik und Sättel einige Detailverbesserungen und für wenige Monate die Typenbezeichnung R 35/2.

Ende des Jahres 1951 war die 25 000. R 35 von den Bändern gerollt und im August 1953 waren es schon doppelt so

EISENACHER MOTOREN WERK är det nya namnet på bilfabriken i Eisenach i Tyskland, som fram till 1928 tillverkade Dixiautomobilen. Är 1928 övertogs fabriken av Bayerische Motoren Werke AG i München, som här tillverkade sina bilar ända till 2:a världskrigets slut. Under och efter kriget har även tillverkats motorcykeln 350 cc R. 35.

Efter kriget fortsatte fabriken tillverkningen av samma modeller och har nu koncentrerat tillverkningen till bilmodellerna 327-2, sportcabriolet och 340-7 herrgårdsvagn samt motorcykeln 350 cc mod. R. 35.

Försäljning genom

AKTIEBOLAGET EMW-AGENTUREN
STORGATAN 30 · TEL. 67 06 45 · STOCKHOLM

Reservdelar levereras från AB Reservdelslagret, Krampan, *Läggesta*, tel. Laxne 90. Minutförsäljning i Stockholm: Storgatan 30.

In einem Gesamtprospekt von 1952 gibt es schon ein neues Markensymbol, die R 35 ist aber noch ohne Hinterradfederung dargestellt. Nach wie vor waren Prospekte vor allem für den Export bestimmt und in anderen Sprachen (hier Schwedisch) abgefasst.

KRAFTRAD

EMW R 35

340 ccm · 14 PS

Мотоциклет EMW R 35
340 куб.см   14 ЛС

EMW Motor cycle R 35
340 ccm   14 HP

Motocyclette EMW R 35
340 ccm   14 CV

Motocicleta EMW R 35
340 ccm   14 CV

DIR

Ebenfalls noch aus dem Jahr 1952 stammte ein vierseitiger, mehrsprachiger Prospekt des Deutschen Innen- und Außenhandels. Jetzt hatte die R 35 eine Hinterradfederung, das Propeller-Symbol fehlte aber als Aufmacher.

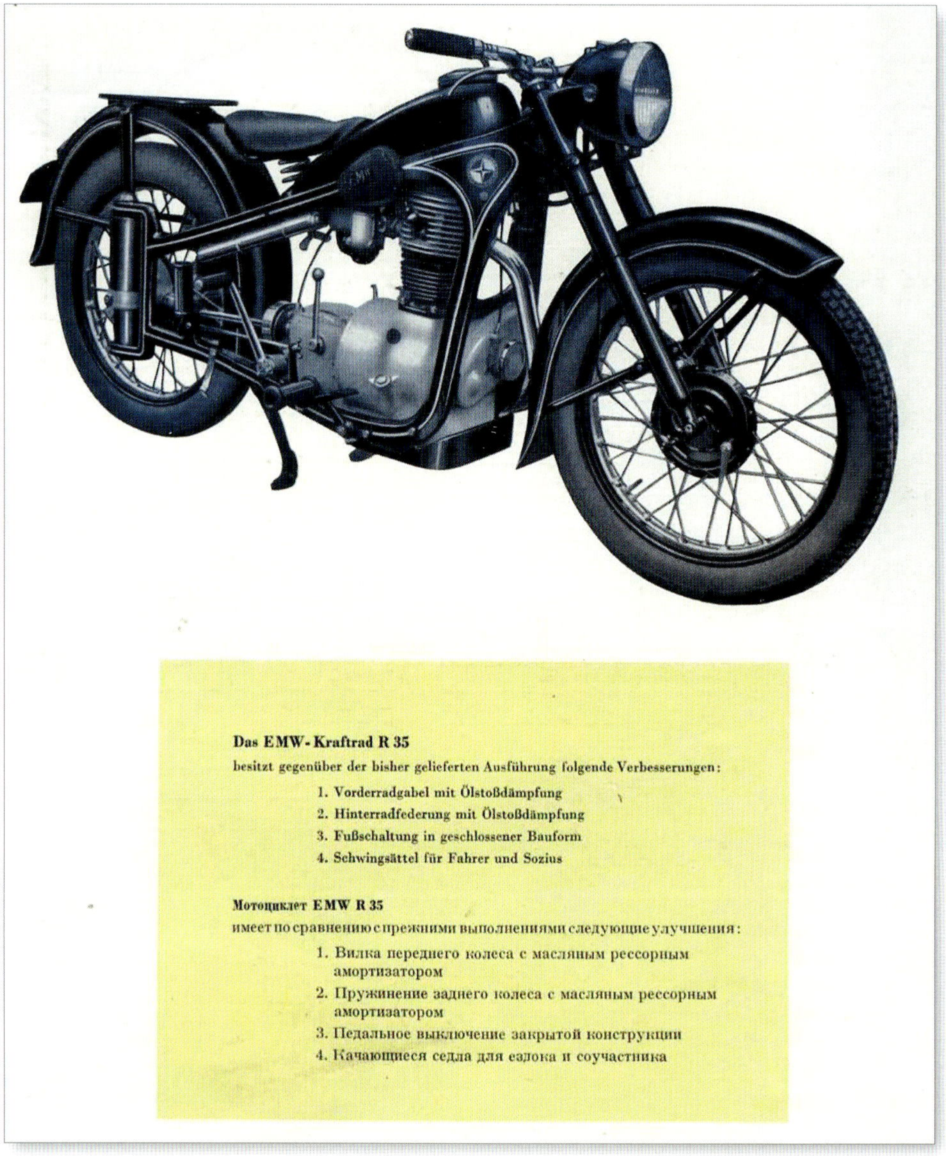

Das EMW- Kraftrad R 35

besitzt gegenüber der bisher gelieferten Ausführung folgende Verbesserungen:

1. Vorderradgabel mit Ölstoßdämpfung
2. Hinterradfederung mit Ölstoßdämpfung
3. Fußschaltung in geschlossener Bauform
4. Schwingsättel für Fahrer und Sozius

Мотоциклет EMW R 35

имеет по сравнению с прежними выполнениями следующие улучшения:

1. Вилка переднего колеса с масляным рессорным амортизатором
2. Пружинение заднего колеса с масляным рессорным амортизатором
3. Педальное выключение закрытой конструкции
4. Качающиеся седла для еадока и соучастника

Die R 35/3 hatte nun zwar eine Fußschaltung, der ehemalige Schalthebel zur Tankkulisse blieb aber als Schaltstummel erhalten.

viele. Jetzt mit der Bezeichnung R 35/3, weil endlich eine Geradweg-Hinterradfederung das Fahrwerk deutlich verbesserte und die Zylinderkopf-Schutzrohre auf zwei reduziert worden waren. Kleinere Änderungen betrafen in den letzten Produktionsjahren noch den Vorderradkotflügel, den Vergaser und die Hinterradnaben.

Nach noch einmal 58 000 R 35/3 war im April 1956 Schluss mit der Motorradfertigung in Eisenach. Nicht weil die gute alte R 35 konzeptionell ausgereizt war – moderne Neuentwicklungen, die bis zum Prototypenstadium gereift waren, hätten die Produktion fortsetzen können –, sondern weil es im Ministerium für Maschinenbau als längst beschlossene Sache galt, zugunsten der »Großserienfertigung« des neuen DDR-Mittelklasse Pkw »Wartburg 311« die Motorradfertigung in Eisenach einzustellen. Und weil ebenfalls schon längst der Plan gefasst war, Viertaktmotorräder gänzlich aus der eigenen Fertigung zu verbannen.

Darunter litten nicht nur die möglichen Nachfolgemodelle der R 35 sondern auch ein geplantes schweres Militärkrad. Auf der Grundlage des Boxermodells R 75 startete Eisenach 1952 eine geheime Entwicklung für ein eigenes großes Boxer-Motorrad (R 70) zur militärischen Nutzung. Ab 1955 lief die Entwicklung dann bei Simson in Suhl weiter, da die Motor-

La motocyclette EMW R 35

est munie des perfectionnements suivants par rapport au modèle jusqu'ici livré:

1° Fourche de devant à amortissement oléo-hydraulique

2° Suspension à ressort de la roue motrice à amortissement oléo-hydraulique

3° Changement de vitesse à pédale, blindé

4° Selles oscillantes pour conducteur et pillion

La motocicleta EMW R 35

está caracterizada por los siguientes perfeccionamientos sobre el modelo antes suministrado:

1° Horquilla delantera con amortiguación de aceite

2° Suspensión de la rueda motriz con amortignación de aceite

3° Cambio de velocidades a pedal, construcción blindada

4° Sillines oscilantes para conductor y compañero

Insgesamt war das Konzept mit der R 35/3 mehr als ausgereizt, was nichts daran änderte, dass sich diese Maschine gerade wegen ihrer Zuverlässigkeit und Robustheit immer noch großer Beliebtheit erfreute – und das offensichtlich nicht nur in der DDR.

radfertigung in Eisenach eingestellt worden war. Drei weitere Jahre nahm die Entwicklung in Suhl in Anspruch, ehe nach tausenden Testkilometern mit erfahrenen Kradfahrern und unter militärischen Nutzungsbedingungen die Serienfertigung hätte in Angriff genommen werden

können. Wenn die Armeeführung nicht inzwischen zu der Erkenntnis gelangt wäre, dass schwere Gespanne für die künftige Ausrichtung der NVA keine Verwendung mehr finden. Zehn fertige Gespanne waren immerhin übergeben worden.

Immer wieder gern gezeigt: Ein DDR-Presse-foto von 1952, das eine Volkspolizei-Staffel auf EMW 35/3 zeigt.

Obwohl die R 35 als nicht sonderlich beiwagentauglich galt, wurde sie in der DDR sehr oft mit einem Beiboot gefahren. In diesem Fall handelt es sich um einen sehr seltenen Falke-Seitenwagen.

Eine gut restaurierte R 35/3 ist heute ein gesuchter und nicht mehr als Schnäppchen zu habender Klassiker.

Erst mit der Geradweg-Hinterradfederung konnte man sich mit dem recht ungelenken Viertakter am Fuße der Wartburg ins Gelände wagen.

Heft 23/IV. Jahrgang   1. Dezember-Heft 1954   Preis 0,60 DM

Illustrierter

MOTORSPORT

Fachblatt des Präsidiums der Sektion Motorrennsport der Deutschen Demokratischen Republik

Sie lesen in dieser Ausgabe u. a.:

Einen Großbericht vom Endlauf zur DDR-Meisterschaft im Leistungsprüfungssport

Straßenrennen bei Nacht und Nebel

Internationale Messe Saloniki — und was man sonst noch sah

Wie bauen wir für die Rennsaison 1955?

Ein Bild vom Endlauf zur DDR-Meisterschaft im Leistungsprüfungssport, der am 27./28. November 1954 in der Wartburgstadt Eisenach ausgetragen wurde. Auch diese im Zeichen des gesamtdeutschen Sportverkehrs stehende Veranstaltung sah viele Sportfreunde aus dem Westen unserer Heimat am Start.   (Foto: Zentralbild/Wlocka)

In der DDR-Motorpresse fand die EMW R 35 faktisch nicht statt. Die Redakteure wussten um die antiquierte Konstruktion und machten einen großen Bogen um die Maschine. So gab es im Mai 1954 die einzige Titelseite der Zeitschrift Kraftfahrzeugtechnik für die EMW.

EISENACHER
EMW
MOTORENWERK

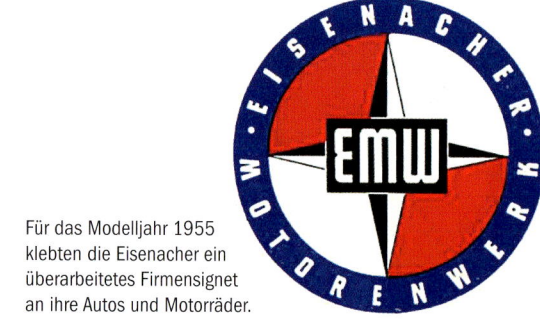

Für das Modelljahr 1955 klebten die Eisenacher ein überarbeitetes Firmensignet an ihre Autos und Motorräder.

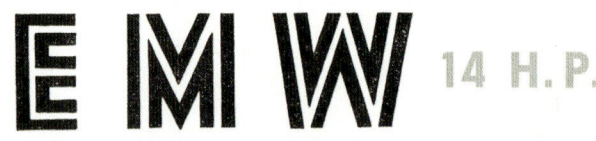

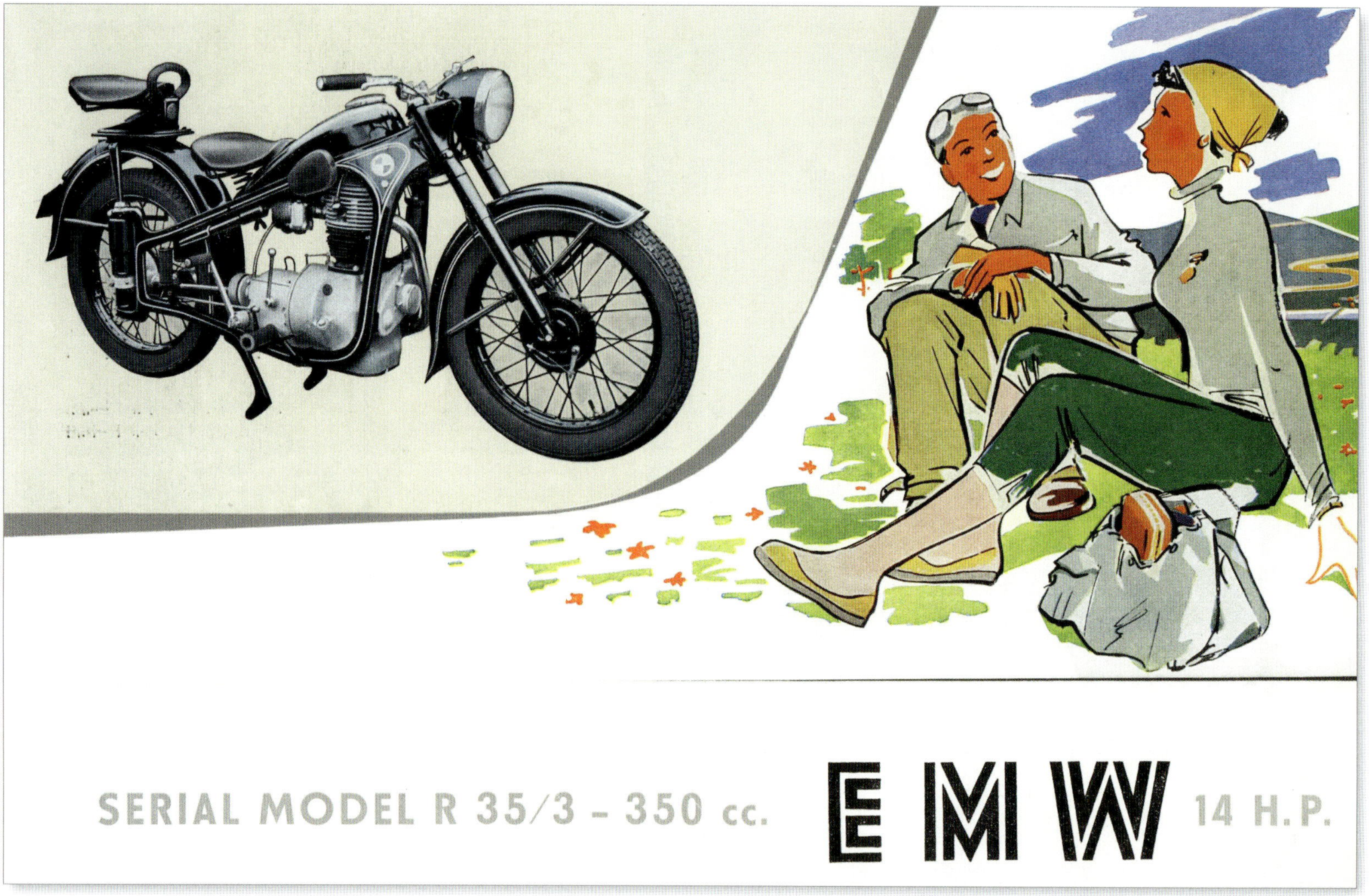
SERIAL MODEL R 35/3 - 350 cc.
EMW
14 H.P.

Der letzte bekannte EMW-Prospekt war wiederum in erster Linie für den Export gedacht. Allerdings ließ die Nachfrage nach der altehrwürdigen Maschine im Ausland spürbar nach, während sie in der DDR ungebrochen hoch blieb.

The rugged one-cylinder engine for heavy duty under all driving conditions is most suitable for pillion riding.

Outstanding features are the fully encased Cardan drive, telescope type front and rear wheel springing, pedal operated gear change, and absolutely dust-sealed speed gear box. Its efficient performance and economical operation have been so frequently established that they need hardly be emphasized. A maximum of riding satisfaction is ensured.

The power-packed, 350cc. four-stroke-cycle engine together with the speed gear forms a monoblock construction. With its 14 H. P. sustained performance it is an always dependable power unit. All operating parts are dust-sealed. The light generator is of the constant tension regulating type. The engine is mounted laterally to the frame. The cooling of the cylinder, being constantly exposed to the full air current, may be justly claimed as perfect. The carefully counterbalanced drive gear ensures absolutely smooth, vibrationless performance. Power transmission is over a sturdy, single-disc, dry clutch. All gears of the pedal-operated, hand lever controlled speed gear are in permanent mesh and claw operated. The four speed ratios give the rider ample scope to negotiate all possible driving conditions to the best advantage.

Telescope type front and rear wheel springing with oil-hydraulic shock absorbtion. Perfectly dust-sealed, no attention is required. They are an essential factor to the excellent track-holding properties and give that wonderful at-ease feeling when fast touring over long distances.

The noiseless cardan drive designed for strength and endurance guarantees a maximum of wear resistance and safety. It is absolutely oil and water-proof encased. The axle drive bevel gears are spiral toothed. The elastic construction of the cardan shaft with rubber joint at the speed gear eliminates all effects of sustained strain.

Sidecar operation is possible after installation of a different rear axle speed ratio. Provisions are made in the frame design for attaching a sidecar.

Other features are: Plug axles in front and rear wheel make quick dismantling and assembling easy. Large and powerful brakes, dust-proofed and simple to adjust. Deep-mould, comfortable swinging saddles for driver and pillion rider. Powerful headlight with recessed speedometer. Ample tool kit in engine housing.

Mit der R 35/3 war das technische Konzept aus den dreißiger Jahren ausgereizt. Der Fußschalthebel und die Hinterradfederung waren die letzten bedeutenden Änderungen.

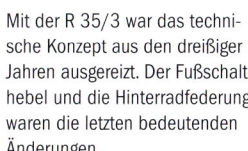

Werbefotos mit der EMW R 35/3 blieben Raritäten. Aber die Darstellung einer Raucherpause war damals in der Werbefotografie keine Seltenheit.

Motorrad EMW R 35/3

1955

Anlässlich des 70-jährigen Automobilbau-Jubiläums in Eisenach brachte der VEB Automobilbau Eisenach 1966 ein schönes Buch heraus, das auch die EMW R 35 würdigte und gleichzeitig das Jahr ihres Ablebens anzeigte.

Ansprechende Neukonstruktionen, die eine Produktionsfortführung sinnvoll gemacht hätten, waren bis zum Versuchsmusterstadium gelangt. Doch die Fertigung des PKW »Wartburg« brauchte Platz und hatte Vorrang.

DIE SIMSON-STORY

1856 kaufte der gerade eingewanderte Jude Moses Simson die Eisenschmiede »Heinrichs-Hammer« und gründete mit seinem Bruder Löw das Suhler Eisenwerk, das als Produzent von Gewehren und Handfeuerwaffen sehr schnell expandierte. Die »Simsonwerke« wurden über Thüringens Grenzen hinaus ein Begriff. Ständig erweiterte sich die Produktionspalette: Haushaltsgegenstände, Kinderwagen und sogar Kutschen wurden hergestellt. 1896 – die zweite Simson-Generation führte inzwischen das Geschäft – begann die Fertigung von Fahrrädern.

Aber damit nicht genug! Wollten die Fabrikanten doch auch ins aufblühende Automobilgeschäft einsteigen! 1908 begannen konstruktive Vorarbeiten und ab 1911 wurden die Typen Simson A (12 PS), Simson B (18 PS), Simson C (30 PS) und schließlich der Simson D mit 3,5 Liter Hubraum und 45 PS gebaut.

Schon 1914, mit Beginn des Ersten Weltkriegs, endete diese Episode und Simson konzentrierte sich auf das nach wie vor dominierende Waffengeschäft. Das änderte sich auch nach Kriegsende nicht, denn bald wurde die Suhler Firma Hauptlieferant für Polizei und Reichswehr.

Fernruf: Für Zentrale Nr. 3 - Für Fabrik Heinrichs Nr. 36 u. 37 - Für Heinrichferſtr. 19 Nr. 31 - Carlowiꞔ-Code - Reichsbank-Giro-Konto

SIMSON & CO.

FABRIKEN FÜR AUTOMOBILE ⋆ FAHRRÄDER ⋆ JAGDGEWEHRE
FEINMECHANISCHE INSTRUMENTE ⋆ WAFFEN ⋆ KLEINMASCHINEN

TELEGRAMM-ADRESSE: SIMSONWERKE ⋆ POSTSCHECK-KONTO: ERFURT Nr. 6336
ZWEIGNIEDERLASSUNG: BERLIN W 8, MOHRENSTRASSE 6

SUHL (Thür.)

Simson hatte als bedeutender Waffenlieferant im Ersten Weltkrieg große Gewinne erzielt und konnte nach 1919 die Werksanlagen weiter ausbauen.

Mit den ab 1924 gebauten Supra-Modellen (die hier abgedruckte Werbung stammt aus dem Jahr 1925) setzte Simson auch auf internationalem Parkett Maßstäbe im Segment der Luxus-Automobile.

Nach zehn Jahren Pause tauchte 1924 wieder ein Kraftwagen mit der Bezeichnung Simson-Supra auf, der danach in einer Modellreihe von 40–90 PS bis September 1934 die Werkhallen der ehemaligen Schmiede verließ. Diese Automobile standen im Ruf höchsten Komforts und bester Verarbeitung. Doch solche Eigenschaften hatten ihren Preis, den während der Weltwirtschaftskrise, zu Beginn der dreißiger Jahre, immer weniger Leute bezahlen konnten.

Im Übrigen war die Suhler Fabrik, als Eckpfeiler der deutschen Rüstungsindustrie, nach Hitlers Machtantritt für »höhere« Aufgaben vorgesehen. Natürlich waren die jüdischen Besitzer dafür nicht mehr »salonfähig«. Das Kommende ahnend, verpachteten die Simsons 1933 ihre Fabrik an die eigens zu diesem Zweck gegründete Waffen- und Fahrzeugwerke G.m.b.H. »Waffa«. Doch das brachte nur wenige Monate Schonfrist; bereits im Februar übernahmen Treuhänder die Leitung des Werkes, dessen Name nun in »Berlin – Suhler Waffen- und Fahrzeugwerke Simson & Co« geändert wurde. Die Familie blieb wohl Kommanditist, hatte aber keinerlei Entscheidungsbefugnis mehr. Doch auch diese Konstellation hielt nur wenige Monate. In nationalsozialistischer Manier wurden die Besitzer unter fadenscheinigen Begründungen am 28. November 1935 enteignet und außerdem zur Rückzahlung von 1,75 Millionen RM »widerrechtlich erworbenen Geldes« verurteilt. Der Name Simson wurde unverzüglich aus der Firmenbezeichnung gestrichen; übrig blieb die »Berlin – Suhler Waffen- und Fahrzeugwerke G.m.b.H.« mit dem Warenzeichen »BSW«. Den Simsons gelang im Februar 1936 über verschiedene Stationen die Flucht in die USA.

In der zweiten Hälfte der dreißiger Jahre kam das sogenannte Motorfahrrad, ein leichtes Motorrad mit zusätzlichem Pedaltrieb, immer mehr in Mode. Auch »pedalisiertes Motorrad« genannt, steuer- und führerscheinfrei, wurde das Gefährt meist von einem zugekauften Motor angetrieben. Hauptantriebsquelle jener Zeit war der Zweitakt-Sachs-Motor Modell 32, der mit 98 ccm Hubraum 2,25 PS leistete und in 30 verschiedenen deutschen Kleinmotorrädern werkelte. Eines davon war ab 1936 das »BSW Motor-Fahrrad Modell 100«. Dabei handelte es sich um ein Fahrzeug der robusteren Art mit einem geringen Eigenfertigungsanteil; lediglich Rahmen und Blechteile kamen aus dem ehemaligen Simson-Werk. Neben dem Triebwerk mussten u. a. Scheinwerfer, indirekt beleuchteter Tachometer, Elastiksattel, Lenkerarmaturen und Tiger-Vordergabeln zugekauft werden.

Die Motorkraft wurde von einer Kette auf das Hinterrad übertragen, nachdem das Zweiganggetriebe die Übersetzung bestimmt hatte. Geschaltet wurde mit der Hand an der rechten Seite des sieben Liter fassenden Kraftstoffbehälters. Zusammengehalten wurde das Ganze von einem stabilen, gemufften Rohrrahmen. Die Bremsen waren eher fahrradmäßig

Nahezu jede deutsche Firma, die in den dreißiger Jahren Fahrräder baute, nahm auch Motorfahrräder ins Programm auf, der Simson-Nachfolger BSW war da keine Ausnahme.

Eines der ersten BSW-Motorfahrräder von 1936.

Das BSW Motorfahrrad galt als besonders robust, was ebenfalls für den 98er Motor von Fichtel & Sachs aus Schweinfurt galt. 2,25 PS leistete der Zweitakter und beschleunigte das Gefährt auf maximal 60 km/h.

dimensioniert: Torpedo-Freilaufnabe mit Rücktrittbremse hinten und nur eine kleine Innenbackenbremse vorn sollten das Zweirad aus maximal 55 km/h (Werksangabe 60 km/h) verzögern.

Bis 1939 liefen jährlich etwa 3000 Motor-Fahrräder in Suhl vom Hängeband. Nach Kriegsbeginn wurden dann u. a. Maschinengewehre und Flak-Lafetten immer wichtiger. 1550 Zweiräder waren es noch 1940, ehe die Produktion ein Jahr später eingestellt wurde.

Inzwischen war das Werk in die am 1. Januar 1939 gegründete »Wilhelm-Gustloff-Industriestiftung« integriert worden und trug jetzt die Firmenbezeichnung »Gustloff-Werke, Waffenwerk Suhl«. Ein »G« auf dem Tank der Motorfahrräder löste das »BSW« als Warenzeichen ab.

Etwa 9000 Motorfahrräder wurden in Suhl gebaut. Das waren vergleichsweise wenig, Wanderer setzte weit über Hunderttausend der kleinen Zweitaktmaschinen ab.

Nach der erneuten Umbenennung der thüringischen Fabrik in Gustloff-Werke prangte ein »G« als Markenzeichen am Tank. Hier an einem vom berühmten Konstrukteur Martin Stolle entworfenen Prototypen.

47

5

AWO 425

Am ersten Juli 1945 zogen sich die Amerikaner, die dem Kriegsverlauf entsprechend in Thüringen eingewandert waren, hinter die Werra zurück und hinterließen der Sowjetischen Militär-Administration in Deutschland (SMAD) unter anderem das Gustloff-Werk, ehemals Simson, in Suhl. Als bedeutendem Rüstungsproduzenten im Dritten Reich ging es diesem Werk wie vielen anderen im Osten Deutschlands zu dieser Zeit auch: Ab April wurde mit der völligen Demontage des Maschinenparks begonnen und die meisten Gebäude anschließend dem Erdboden gleich gemacht. Alles, was nicht niet- und nagelfest war, fuhr per Bahn in die UdSSR.

Reste des Betriebes, in denen trotz allem bald wieder Jagdwaffen, Fahrräder und Kinderwagen, selbstverständlich als Reparationsleistung ausschließlich für den Sowjetmarkt bestimmt, gefertigt wurden, gliederten die neuen Machthaber am 5. März 1947 in die »SAG (Sowjetische Aktiengesellschaft) AWTOWELO Moskau, Zweigstelle Weimar« ein. Mit der bald gebräuchlichen Bezeichnung »SAG, Werk Simson« oder »AWTOWELO, Werk Simson« kehrte der traditionsreiche Name nach Suhl zurück.

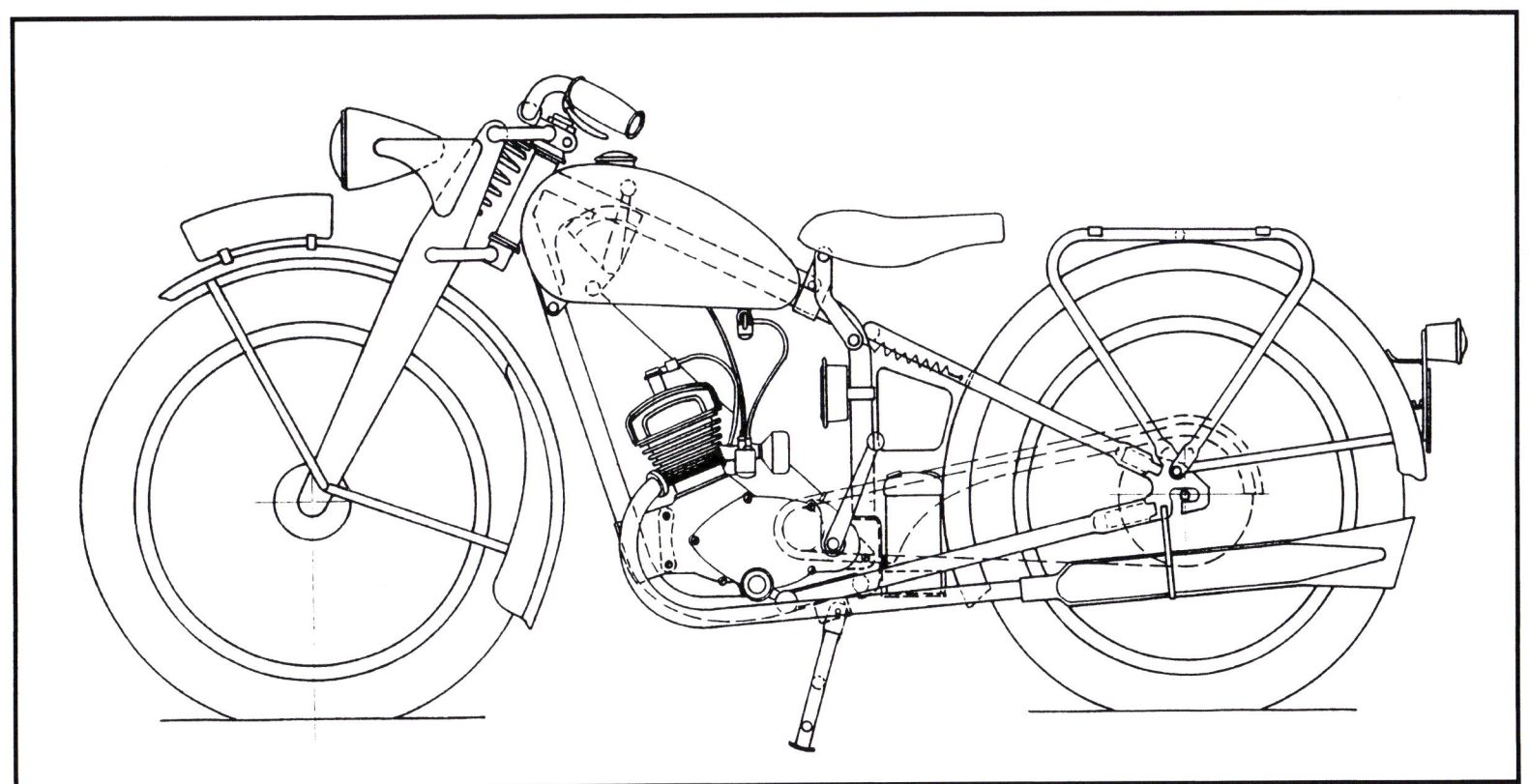

Zumindest auf dem Reißbrett war 1947 bei Simson eine 125er Zweitaktmaschine entstanden, die aber nicht gebaut werden durfte.

Ende 1947 versuchten deutsche Füh-
rungskräfte des Werks die Besatzer vom
Bau eines 125 ccm-Motorrades, zu dem
es bereits einen Rohentwurf gab, zu überzeugen. Allein, die Russen ließen eine

Wiederaufnahme der Motorrad-(Motor-
Fahrrad-) Produktion (noch) nicht zu.
Ein Jahr später, im Dezember 1948 (das
Werk hieß inzwischen offiziell »Suhler
Fahrradfabrik der Sowjetischen Staatli-

chen AG Awtowelo«), ordneten dann über-
raschenderweise die Sowjets ihrerseits
an, ein Mittelklasse-Motorrad zu entwickeln. Die Vorgaben an die deutschen
Konstrukteure (250 ccm, 12 PS, Einzylin-

Die AWO 425 war von ganz anderem Kaliber und musste sogar gebaut werden. Hier ein Vorserienmodell, das noch deutliche Unterschiede, speziell am Triebwerksblock, zur späteren Serie aufweist.

der-Viertakt-Ohv-Motor, Viergang-Blockgetriebe, Kardanantrieb sowie geschlossene Teleskopfederung vorn und hinten) erinnerten stark an die fast gleichzeitig in München in Entwicklung befindliche

BMW R 25. Und das kam nicht ganz von ungefähr; gehörte doch auch das BMW-Werk in Eisenach zur Awtowelo-Gruppe und die alten Verbindungen waren noch nicht ganz abgerissen.

Der Motor geriet dann aber doch recht eigenwillig, äußerlich deutlich erkennbar am geteilten Zylinderkopf, in dem die Ventile V-förmig, hängend angeordnet waren. Alles in allem eine reife Leistung, die da

250 cm³   **AWO** *Modell 425*   12 PS

Tourenmaschine mit Vierganggetriebe, Teleskopgabel, Hinterradfederung, Kardanantrieb.

Motor: Einzylinder-Viertakt-Blockmotor mit 250 cm³ Zylinderinhalt und 12 PS Leistung bei 5500 U'min. Verdichtungsverhältnis 6,7:1. Zylinderbohrung und Hub 68 mm. Nockenwellenantrieb durch Zahnräder. Ventile hängend angeordnet. Gekapselter Magnetzünder mit selbstregelnder Zündverstellung. Lichtmaschine 6 V, 45 W.

Triebwerk: Federnde Doppelscheiben-Trockenkupplung. Vierganggetriebe mit Fußschaltung und zusätzlichem Handschalthebel mit automatischer Leerlaufanzeige.

Fahrgestell: Geschlossener Stahlrohrrahmen mit doppeltem Unterzug. Weiche, gut abgestimmte Zweiradfederung mit absolut sicherer Radführung. Steckachsen und hochklappbares Hinterradschutzblech. Großflächige Innenbackenbremsen, Schwingsattel, verstellbare Fußrasten, Kraftstoffbehälter mit 12 l Inhalt, Batterie in Stahlblechkasten, Bereifung 3,25 × 19. Gesamtgewicht bei vollem Kraftstoffbehälter 140 kg.

Höchstgeschwindigkeit ca. 100 km/Std., Kraftstoffverbrauch bei 70 km/Std. 3 Liter auf 100 km, überragendes Beschleunigungs- und Steigvermögen, vorzügliche Straßen- und Kurvenlage.

Im Gesamtprospekt von 1950 war die AWO zum ersten Mal zu sehen. Verkauft wurde sie aber erst noch vorrangig in die UdSSR.

So wie sich die Russen in Eisenach gerne mit der Marke BMW schmückten, vergaßen sie auch in Suhl nicht, den immer noch zugkräftigen Namen Simson zu verwenden. Die Welt eroberte die AWO allerdings nicht ganz.

Kraftfahrzeugtechnik Bd. 1 Nr. 7 Juli 1951 — B.-H. Kratzsch: Die 250 ccm-„AWO 425" — 165

Bild 1: Gesamtansicht der „AWO 425", der interessanten Neukonstruktion aus Suhl

Die 250 ccm-„AWO 425"

Von Ing. BERNHARD-HELLMUTH KRATZSCH, Zella-Mehlis

DK 629.118.5

Gegen Ende des Jahres 1948 hatte die Leitung der *Staatlichen Aktiengesellschaft „AWTOWELO", Werk Simson/Suhl,* ihren Konstrukteuren den Auftrag erteilt, ein Kraftrad mit folgender Aufgabenstellung zu entwickeln: Hubraum 250 ccm, Leistung 12 PS, Einzylinder-Viertaktmotor mit Viergang-Blockgetriebe, OHV, Kardanantrieb und geschlossene Telefederung (ohne Manschetten) für beide Räder. Der Auftrag wurde in einem bemerkenswerten Tempo erledigt; denn bereits im Juli 1949 waren die Konstruktionsarbeiten abgeschlossen und die erste Versuchsmaschine gebaut worden. Die zunächst handwerkliche Fertigung wurde erweitert, und im Juli 1950 waren 25 Räder fertiggestellt, am 21. Dezember des gleichen Jahres aber schon 1000 Stück. Zwischendurch wurden Zubehörteile, elektrische Ausrüstung usw. erprobt, und es kann gesagt werden, daß die Hersteller ihr Bestes beigetragen haben. Der *VEB IKA-Gerätewerk Suhl* liefert die Lichtmaschine und den Magnet mit selbstregelnder Zündverstellung, (bisher Bosch), als Kerze dient die „ISOLATOR" vom *VEB IKA-Porzellanwerk Neuhaus-Schierschnitz,* der Kolben ist eine Spezialanfertigung von *Finke, Zittau* und die Kolbenringe liefert *Infesto, Dresden.*

Der Maschine selbst wird, im ganzen gesehen, oft eine Ähnlichkeit mit BMW zugeschrieben, was auch die Daten von Hub und Bohrung mit je 68 mm (247 ccm) erkennen lassen. Die Konstruktion des Motors zeigt jedoch starke Abweichungen, und besondere Sorgfalt galt dem eigenwilligen, aber gut durchdachten Zylinderkopf. Hiermit gelang den Konstrukteuren zweifellos ein guter Wurf. Man verließ absichtlich die sogenannte „klassische Kapsellinie" zugunsten zweier getrennter Oberteile, die durch quer durchgehende Kühlrippen miteinander verbunden sind. In ihnen liegen die großdimensionierten, V-förmig hängenden Ventile, die durch seitlich links liegenden Nockenwellenantrieb über Stoßstangen und Kipphebel betätigt werden. Die Ventile liegen dabei quer in Zylindermitte, was durch besondere Formgebung der zweimal auf Nadeln gelagerten Kipphebel erreicht wird. Der Frischgasstrom vom Vergaser zum Einlaßventil verläuft damit ohne jede seitliche Umlenkung, ebenso die Auspuffgassäule. Die Kerze sitzt genau mittig im Verbrennungsraum, der eine halbkugelförmige Gestalt aufweist, womit gleichmäßige Verteilung der Flammenfront von der Kerze aus und auch verminderte Klopfneigung des Motors erzielt wurden. Das läßt für sportliche Zwecke (z. B. Rennmotor) eventuell noch eine Erhöhung der Verdichtung zu, (jetzt 6,7 : 1) und es wäre erfreulich, wenn man sich bei Simson auch zur *Entwicklung*

einer Rennmaschine auf Grund der bisherigen Erfahrungen mit der „AWO 425" entschließen könnte.

Größtes Augenmerk galt bei der Konstruktion den thermischen Verhältnissen am Zylinderkopf, der deshalb, wie schon erwähnt, geteilt und mit quer durchgehenden Kühlrippen versehen wurde. Die Besonderheit aber ist eine quer zur Fahrtrichtung liegende vertikale Gußwand (links der Kerze, Bild 2), die den Kühlluftstrom umlenkt und an die hintere Seite des Auslaßventilblocks heranführt, wobei die Kühlluft auch um den Kerzensitz herumstreichen muß. Der hintere Einlaßblock ist thermisch weniger belastet, die Kühlung daher völlig ausreichend. Nach Aussagen des Chefkonstrukteurs, der auch das Einfahren überwacht, haben gerade die Ausführung des Zylinderkopfes im Verein mit der günstig gewählten mittleren Kolbengeschwindigkeit von 12,4 m/s dazu beigetragen, daß die Maschine auch bei den härtesten Dauererprobungen sowohl auf dem Prüfstand als auch auf den Straßen der Deutschen Demokratischen Republik niemals festlief.

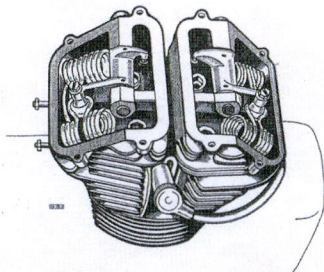

Bild 2: Blick in den Zylinderkopf der AWO, wobei die Einzelheiten der hängenden Ventilanordnung gut zu erkennen sind. Es werden Haarnadelventilfedern verwendet. Beachtenswert sind die thermischen Verhältnisse am Zylinderkopf, die im Text näher erläutert werden

166 — B.-H. Kratzsch: Die 250 ccm-„AWO 425" — Kraftfahrzeugtechnik Bd. 1 Nr. 7 Juli 1951

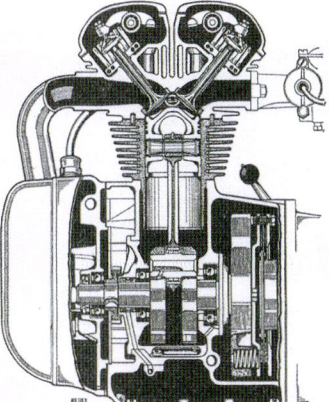

Bild 3: Schnitt durch den 250-ccm-AWO-Motor. Die günstige Formgebung des Verbrennungsraumes mit seinen deutlich erkennbaren Einzelheiten verleiht dem Motor einen sportlichen Charakter

Der Rahmen ist ein geschlossener Stahlrohrrahmen mit doppeltem Unterzug. Beide Räder sind teleskopgefedert, wobei erwähnenswert ist, daß die Telerohre staubdicht ohne Manschetten ausgeführt sind. Steckachsen und hochklappbares Hinterradschutzblech sind Erleichterungen für die Montage, der große Schwingsattel ist eine Annehmlichkeit für den Fahrer. Der Kraftstofftank faßt 12 Liter.

Die Kraftübertragung geht über ein angeblocktes Viergang-getriebe mit Kippschaltung, zusätzlichem Handschalthebel und automatischer Leerlaufanzeige über eine Doppelscheiben-Trockenkupplung mittels Kardanwelle zum Hinterrad. Um Stöße aus einem eventuell unrunden Motorlauf aufzunehmen, befindet sich in der Doppelscheibenkupplung ein federndes Zwischenglied. Da das Hinterrad vertikal federt, mußte die Kardanwelle zweimal geknickt werden. Kurz hinter dem Austritt aus dem Getriebeblock befindet sich ein Gummigelenk, die zweite Ein-

knickung besorgt ein Kardangelenk vor dem Hinterradantrieb, das gegen Schmutz in eine Gummimanschette gebettet ist.

Die Erprobungsfahrten gingen über 10 000 km durch die Deutsche Demokratische Republik unter Benutzung von Straßen und Wegen allen Grades bei verschiedenen Witterungsverhältnissen. Zwei Solomaschinen und eine Beiwagenmaschine mit einem leichten Stoye-Beiwagen, der in den Anschlüssen speziell für die AWO abgestimmt ist, fuhren dreimal durch die Republik. Start und Ziel waren Suhl, und es wurde den Maschinen und Fahrern nicht mehr Zeit gelassen als zur Verschleißkontrolle usw. notwendig war. Diese Feuerproben hat die AWO glänzend

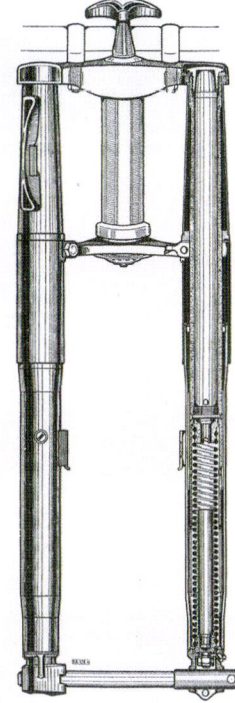

Zeichnungen: B.-H. Kratzsch

Bild 4: Die Teleskopgabel ist ebenso wie die Teleskophinterradfederung mit staubdichten Tele-Rohren ohne Manschetten ausgestattet

Bild 5: Starterseite der „AWO 425". Auf diesem Bild sind Aufbau und thermische Gestaltung des Kopfes besonders gut sichtbar

bestanden, und wenn sie heute an vorüberfährt, mit den Werksfahrern oder der Volkspolizei, dann imponiert neben der eleganten Linie besonders der gesunde und harte Schlag des gepflegten Viertakters, der mit so viel Liebe und Sorgfalt geschaffen wurde. Mag auch noch einige Zeit vergehen, bis die AWO in größeren Stückzahlen vom Band rollt, so ist es doch eine sehr erfreuliche Tatsache, daß mit ihrer Schaffung unsere Kraftfahrzeugtechnik durch ein technisch interessantes Fahrzeug bereichert wurde.

KA 128

Die Zeitschrift *Kraftfahrzeugtechnik* stellte in ihrer Juli-Ausgabe 1951 die technischen Aspekte der AWO sehr deutlich vor, ohne den geschichtlichen Hintergrund der Konstruktion zu vergessen.

ERSATZTEIL-
KATALOG

AWO
425

STAATLICHE AKTIEN-GESELLSCHAFT
„AWTOWELO"
WERK SIMSON & Co. SUHL (THÜR.)
— 1951 —

unter Leitung der Ingenieure Helmut Pilz und Ewald Dähn vollbracht worden war. Und das galt sowohl für die Konstruktion, als auch für die Umsetzung in die Produktion. Schon im Juli 1949 konnten die ersten drei Versuchsmuster vorgestellt werden; ein Jahr später standen 25 fertige Maschinen auf dem inzwischen wieder gewachsenen Werksgelände. Am 21. Dezember 1950 lief bereits die 1000. »AWO 425« (Awtowelo, 4-Takt, 250 ccm) vom Montageband – und via Eisenbahn in das Reich Stalins. Ab 1951 tauchte das Motorrad, vorerst nur an staatliche Behörden ausgeliefert, dann auch auf den Straßen der DDR auf.

Die ersten Vorserien-AWOs mit rotem Tank und grünem Markenzeichen gelten heute als die »Ur-AWOs«. Auf Wunsch konnte die AWO ab Werk mit einem Seitenwagen von Stoye geliefert werden. Ständig wurde die Konzeption weiterentwickelt, wobei die grundlegenden Leistungsdaten immer gleich blieben. So erhielt die Teleskopgabel 1952 eine hydraulische Dämpfung, der Auspuff 1954 eine Zigarrenform und der Antriebsblock ein besser zu schaltendes Getriebe. 1953 ging man auch vom grünen Tankabziehbild zur goldunterlegten Plakette mit schwarzem AWO-Schriftzug und rotem Blitz über.

Schon 1951 gab es auch einen Ersatzteilkatalog, damals noch schön bunt in den AWO-Farben Grün, Gelb und Rot gehalten. Später waren in der DDR die meisten Fahrzeugdokumentationen in dunklem Einheitsblau gestaltet.

Auf einem Prospekt von 1952 wird die AWO mit Beiwagen gezeigt. Trotz ihrer nur 250 ccm und 12 PS war sie besser für diesen Zweck geeignet als die EMW.

Tourenmaschine 250 cm³, 12 PS

Vierganggetriebe · Teleskopgabel · Hinterradfederung
Kardanantrieb

Туристская машина 250 куб.см, 12 ЛС

четырехходовая передача · телескопическая вилка
пружинение заднего колеса · карданная передача

Touring Cycle 250 cm³, 12 HP

four speed gear · telescopic fork · rear wheel springs · cardan drive

Motocyclette de tourisme 250 cm³, 12 CV

à quatre vitesses · fourche télescopique · roue motrice suspendue
à ressort · transmission Cardan

Motocicleta de turismo, de 250 cm³, 12 CV

cuatro velocidades · horquilla telescópica · rueda motriz suspen-
dida con muelles · transmisión Cardan

Höchstgeschwindigkeit über 100 km/h;
Kraftstoffverbrauch bei 70 km/h, 3 l
auf 100 km; überragendes Beschleu-
nigungs- und Steigvermögen; vorzügliche Straßen- und Kurvenlage; größte
Fahrsicherheit und Bequemlichkeit.

In der Prospektreihe des Deutschen Innen- und
Außenhandels (DIA) von 1952 gab es auch einen
vierseitigen und viersprachigen AWO-Prospekt im
Format A 4.

DEUTSCHER INNEN- UND AUSSENHANDEL · TRANSPORTMASCHINEN
BERLIN W 8 · MOHRENSTRASSE 61 · TELEFON 22 02 71

So stellte sich Simson 1952 ein Exportgespann mit AWO 425 und Stoye-Seitenwagen vor. Die Leipziger Firma Stoye fertigte noch lange Beiboote, die sich wenig von den Modellen der Vorkriegszeit unterschieden.

Der Innenteil des 1952er DIA-Prospekts zeigt nützliche Details wie das klappbare Heckschutzblech, die jetzt ölgedämpfte Telegabel, den Kardanantrieb und die eigenwillige Zylinderkopfkonstruktion.

1954 erhielt der Auspuff der AWO eine Zigarrenform, schon im Jahr zuvor waren die grünen Tankaufkleber durch goldene Plaketten ersetzt worden.

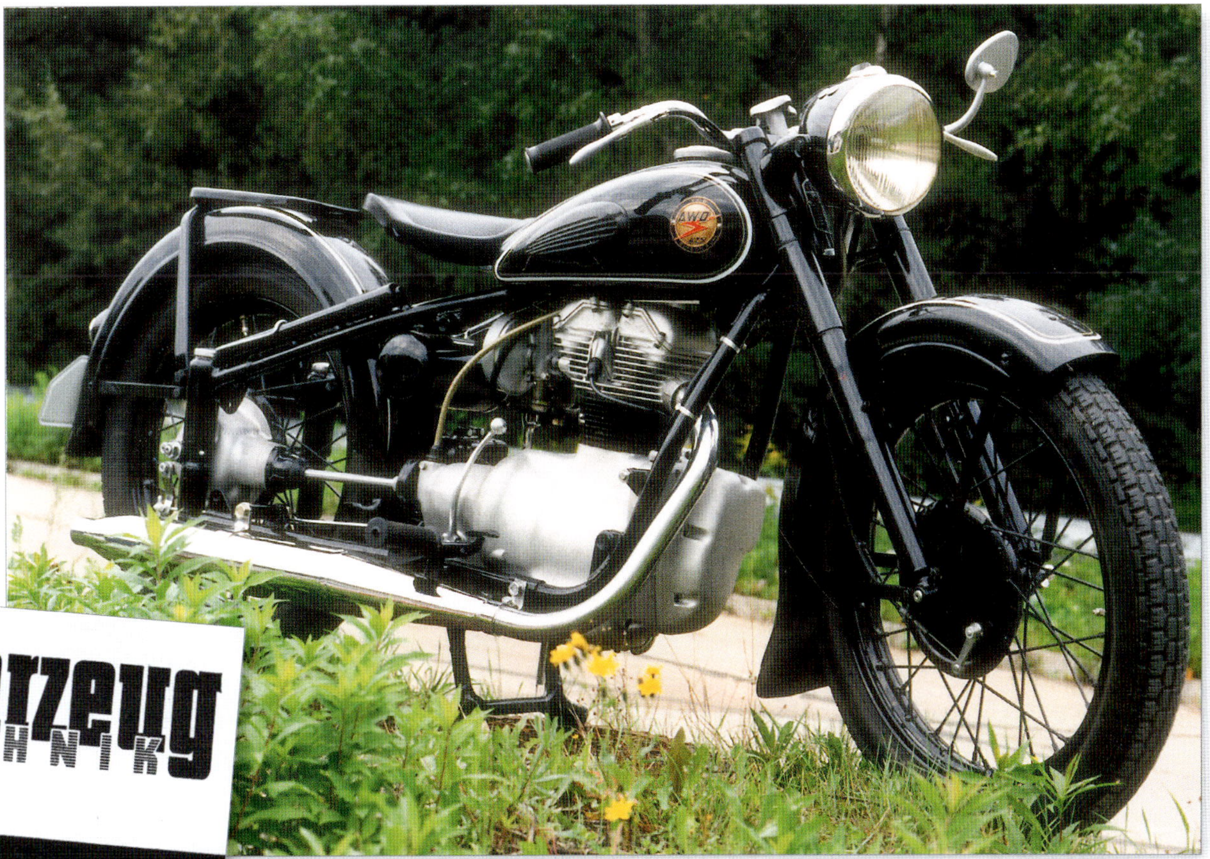

Kraftfahrzeug TECHNIK

HERAUSGEBER: KAMMER DER TECHNIK

1952/4

Die AWO „425“ in der Endmontage (s. auch Seite 118)

VT

VERLAG TECHNIK · BERLIN NW 7 · UNTER DEN LINDEN 12

Kraftfahrzeugtechnik | 2. Jahrgang | Heft 4 (Seiten 97—128) | Verlagsort Dresden, April 1952

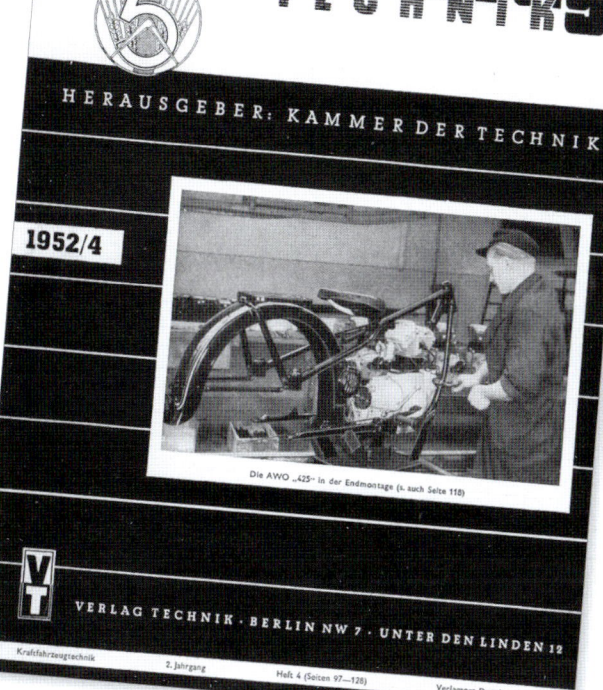

Bis April 1952 dauerte es, ehe es die neue AWO 425 zum ersten Mal auf die Titelseite der *Kraftfahrzeugtechnik* geschafft hatte.

Ein sehr schön restauriertes AWO-Gespann mit Stoye-Seitenwagen ist heute im Fahrzeugmuseum Suhl zu bewundern.

Als dieses Simson-Werbefoto 1954 entstand, war eine Helmpflicht für Motorradfahrer noch weit entfernt. Dabei schaffte es ein Simson-Gespann durchaus auf über 80 km/h.

6

SIMSON 425 T

Im Jahre 1955 erreichte die Vielfalt motorisierter Zweiräder in der DDR zweifellos ihren Höhepunkt, um sich danach aber allmählich wieder auszudünnen und schließlich in einer Monotonie von Einzylinder-Zweitaktern zu enden.

Die bunte Auswahl von 1955 war das Ergebnis einer noch nicht allumfassenden, zentralen Planung der Kraftfahrzeugfertigung, die in der jungen DDR aber gerade Fuß zu fassen begann. So war 1955 Schluss mit der EMW R 35 (wie auch mit dem Sechszylinder-Personenwagen EMW 340) in Eisenach, weil Platz für den neuen Wartburg gemacht werden musste. Trabant und Wartburg waren nach 1959 ja auch die einzig verbliebenen Pkw in der ehemals sehr umfangreichen Automobilproduktion auf dem Gebiet der DDR.

1955 begann in Ludwigsfelde die Fertigung großer Motorroller mit Antriebstechnik auf MZ-Basis, auf die man in Ostdeutschland nach dem Rollerboom im Westen (der 1955 schon wieder am Abklingen war) dringend gewartet hatte. Neuen Jahre später endete die Roller-Periode auch im Osten, weil man die Kapazitäten für die Fertigung des Fünftonner-Lkw W 50 brauchte.

Beim IFA-Motorradwerk in Zschopau, das ein Jahr später in MZ umgetauft wurde, liefen 1955 die gute alte RT 125, jetzt als Modell /1, und die interessante Zwei-

Ein Prospekt von 1955, in dem immer noch von der AWO die Rede ist. Das hatte auch etwas mit Exportverpflichtungen zu tun – die Bezeichnung AWO war hier und da inzwischen ein bekannter Markenname.

»AWO 425«

La puissante machine à excellentes qualités de conduite.

Le moteur robuste quatre temps, 250 cm³., avec son coussinet de bielle surdimensionné, vous garantit la maîtrise des pentes les plus rudes en service solo ou à side-car. La suspension de la roue avant et de la roue arrière, ensemble avec la selle oscillante, satisfait les exigences les plus élevées du conducteur et de son passager.

Die Zuverlässigkeit und Robustheit der Maschine aus Thüringen bescherte ihr auch im Ausland viele Freunde.

zylinder-Boxermaschine BK 350 vom Band. Obwohl es auch hier eine Nachfolgekonstruktion gab, endete deren Fertigung 1959 zugunsten der Einzylinder-ES-Modelle.

1955 waren auch drei Hilfsmotoren im Angebot, die in der DDR zu dieser Zeit immer noch sehr beliebt waren. Der »Steppke« aus Treptow, der HAZA aus Dresden und vor allem der MAW aus Magdeburg (Gesamtproduktion 170 000 Exemplare von 1955 bis 1961!) machten ostdeutsche Fahrräder schneller und bequemer und waren der Einstieg in die Motorisierung für viele, die sich noch längst kein Moped oder gar Motorrad leisten konnten.

Und bei Simson in Suhl? Da war nun – ebenfalls 1955 – mit der Fertigung des ersten DDR-Mopeds SR 1 begonnen worden. Gut zwei Jahre, nachdem der Moped-Boom in Westdeutschland eingesetzt hatte, konnten die Suhler mit einer wirklich guten Konstruktion gegenhalten, die, stetig verbessert und in der Modellpalette erweitert, zu Hunderttausenden produziert wurde. Und dabei störte in Thüringen dann schon bald die Fertigung von Viertaktmotorrädern, wie im nächsten Kapitel zu lesen ist.

Simson führte zunächst 1955 eine sportliche Variante der AWO ein, was nicht nur zu einer Aufspaltung der Fertigung, sondern auch der Typenbezeichnungen

Im gleichen Jahr erschien ein weiterer Prospekt, dessen Titel nun in Farbe gehalten war und bei dem das neue Simson-Symbol Verwendung fand.

führte. So erhielt die »alte« AWO zunächst die Bezeichnung AWO 425 T, wobei das T für Touring stand und dem Sportmodell wurde folgerichtig ein S angehängt. Da Simson aber nun längst kein AWTOWELO-

Betrieb mehr war, änderten sich die Bezeichnungen noch im selben Jahr in Simson 425 T und Simson 425 S. Außer der dritten Änderung des Tankemblems blieb die alte AWO mit ihren 12 PS

unverändert. Und das bis 1959, dem Jahr, in dem die nicht mehr zeitgemäße Maschine auslief.

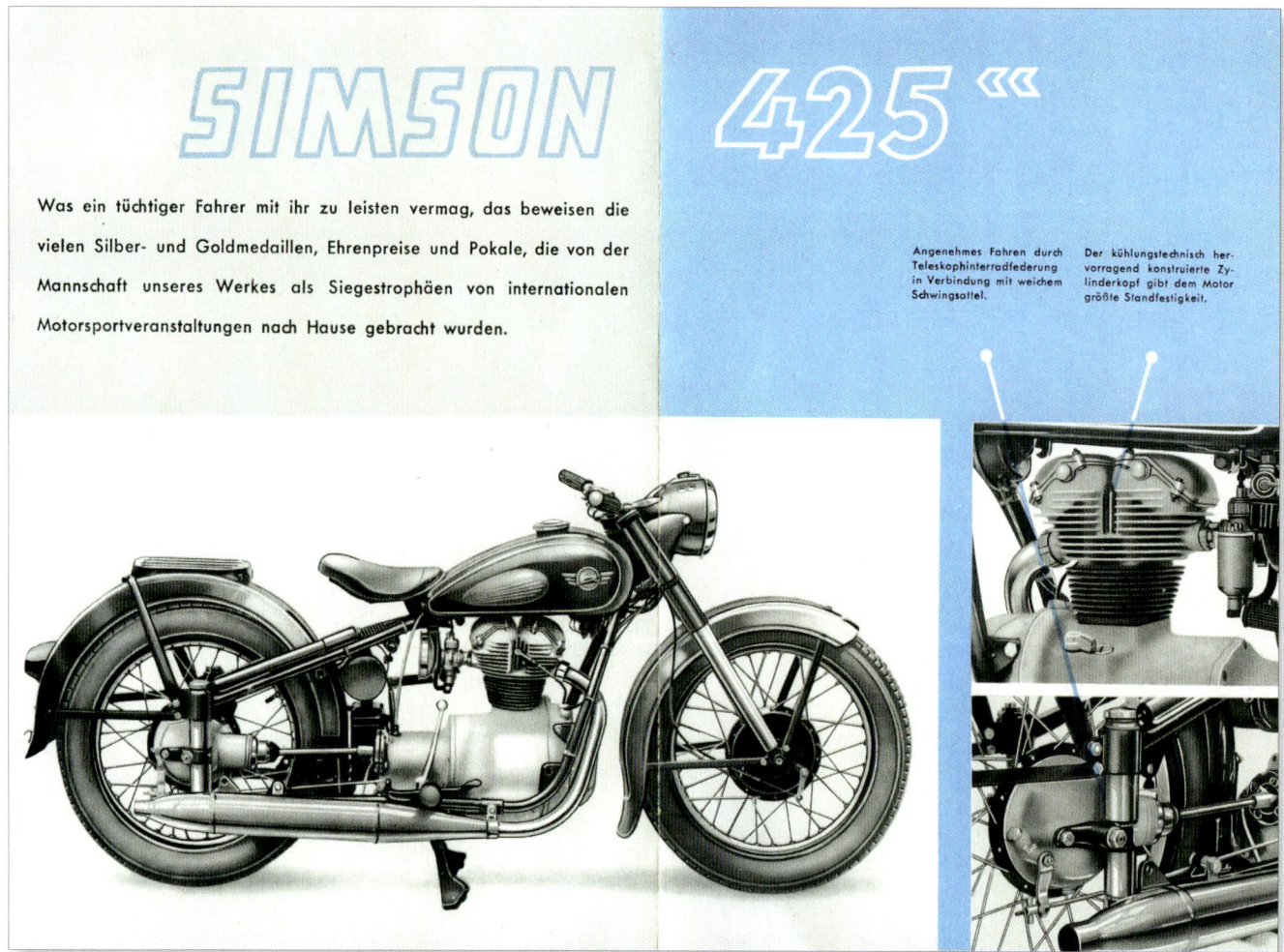

Der Prospekt war ähnlich gestaltet wie sein Vorgänger. Für die Tourenmaschine und das neue Sportmodell gab es nun zwei unterschiedliche Prospekte.

Auch dieses Bild entstammt dem obigen Prospekt, aus Kostengründen war diese Seite wohl noch in Schwarz-Weiß abgedruckt.

Eine Kalenderaufnahme aus der Neuzeit zeigt eine noch nicht ganz fertig restaurierte AWO mit Stoye-Seitenwagen und zwei verschiedenen Markenemblemen. (Bild: Stefan Gulitz)

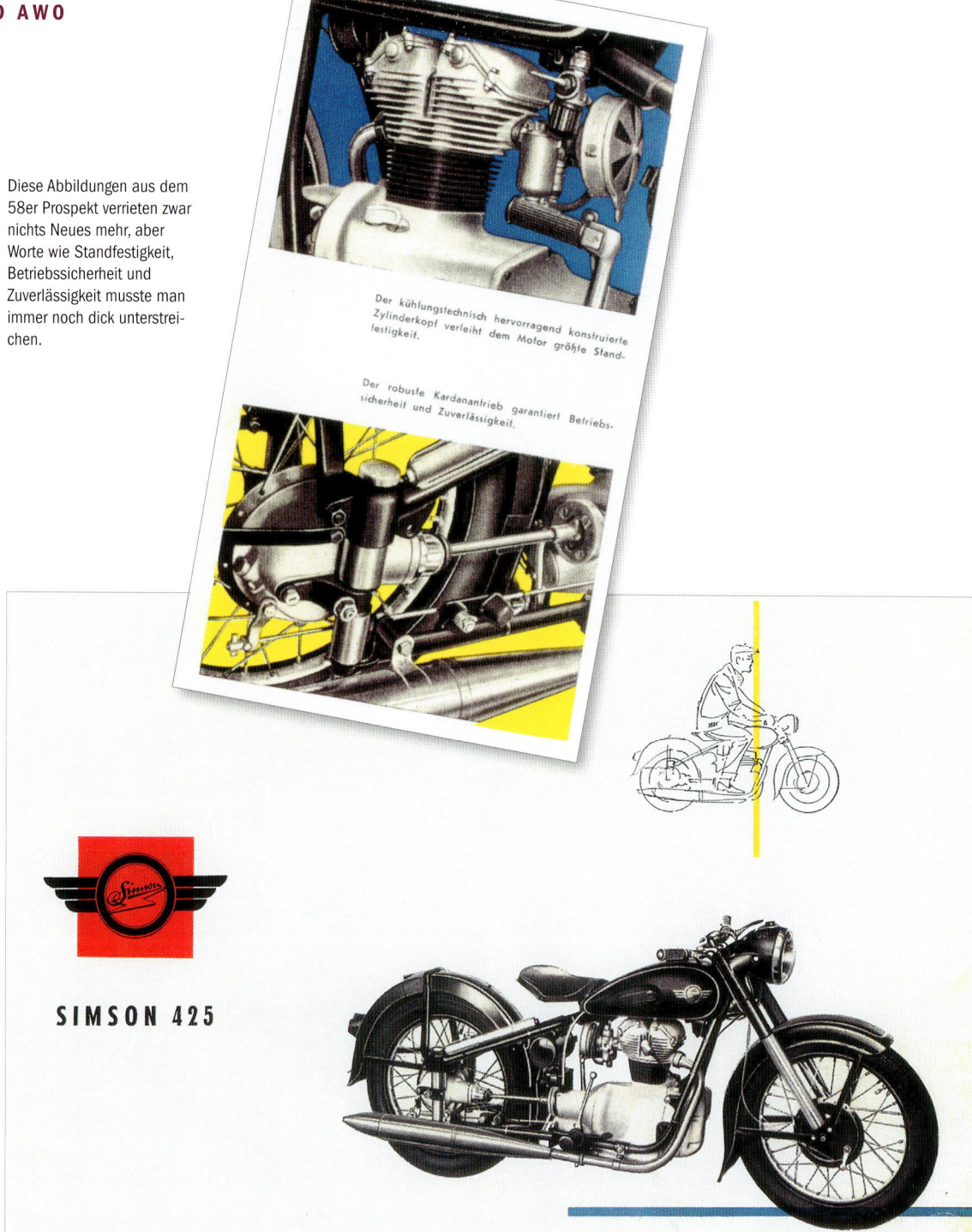

Diese Abbildungen aus dem 58er Prospekt verrieten zwar nichts Neues mehr, aber Worte wie Standfestigkeit, Betriebssicherheit und Zuverlässigkeit musste man immer noch dick unterstreichen.

Der kühlungstechnisch hervorragend konstruierte Zylinderkopf verleiht dem Motor größte Standfestigkeit.

Der robuste Kardanantrieb garantiert Betriebssicherheit und Zuverlässigkeit.

SIMSON 425

1958 erschien wieder ein Gesamtprospekt für beide Simson-Motorräder und die Mopeds aus Suhl, die Tage der alten AWO waren da aber schon gezählt.

Im 1959er Simson-Motorrad-Prospekt tauchte die »Touren-AWO« zum letzten Mal auf. Im gleichen Jahr endete ihre Produktion.

Eine wunderschöne Aufnahme aus dem 1958er Simson-Gesamtprospekt. Der Seitenwagen kam aber immer noch von Stoye aus Leipzig.

7

SIMSON 425 S

1955 präsentierte Simson die AWO 425 S. Das S stand für Sport, was eine völlig neue Fahrwerkskonzeption mit gefälliger Linienführung und durchgehender Sitzbank bedeutete. Das Hinterrad wurde jetzt von einer ölgedämpften Schwinge statt der Geradwegfederung gehalten. Motor und Kardanantrieb blieben fast gleich; die Überarbeitung von Zylinder und Zylinderkopf hatte eine Leistungssteigerung auf 14 PS ermöglicht. Die beiden Motoren waren an ihren unterschiedlichen Zylinderköpfen auch äußerlich gut zu unterscheiden. Noch im Erscheinungsjahr wechselte die Bezeichnung von AWO zu Simson 425 S. Die S-Modelle kennzeichneten ab 1956 zwei, eine flüssige Linie bildende Einzelsitze sowie neue Lackierungen und Chromspiegel an den Tanks der Exportvarianten. 1958 gab es unter anderem einen längeren Schalldämpfer.

Durch die völlige Neukonstruktion von Kolben und Zylinder konnte die Motorleistung der »S« ab Frühjahr 1961 auf 15,5 PS gesteigert werden. Eine Gummilagerung der Antriebseinheit verringerte die Schwingungen und eine neue Lichtmaschine mit 60/90 Watt (vorher 45/60) sorgte ebenso für eine Gebrauchswertsteigerung wie die doppelt wirkenden, hydraulischen Stoßdämpfer.

In der Kleinseriensportabteilung, in der die GS-Modelle entstanden (siehe nächs-

Analog zu Touren-AWO erschien 1955 die neue Sportmaschine zunächst noch als AWO 425 S. Allerdings bekam der Prospekttitel für die Sport-AWO gleich einen farbigen Anstrich.

tes Kapitel), wurden 1957 unter der Leitung von Meister Gustav Knapp auch 30 Eskorte-Motorräder für das Ministerium des Innern, also für die Polizei, gefertigt. Ausgangsbasis für dieses Modell waren die Simson 425 S und die GS, allerdings erhielt die Eskorte-Maschine den 350-ccm-Geländesportmotor mit 23 PS. Die einsitzigen Motorräder wurden bis 1967 bei Staatsbesuchen und Repräsentationsveranstaltungen des MDI der DDR eingesetzt. Werbung wurde für diese Motorräder nicht gemacht, die hier gezeigte Maschine steht im Fahrzeugmuseum in Suhl.

Die Simson 425 war zweifellos das beste und schönste Motorrad, das es je in der DDR gegeben hatte. Die staatliche Weisung von 1961, die Produktion des Viertakters zugunsten der Mopedfertigung einzustellen, war eine Tragödie und eines der schwärzesten Kapitel der DDR-Kraftfahrzeuggeschichte. Bis Januar 1962, dem letzten Produktionsmonat, verließen etwa 209 000 »AWOs« das Suhler Simson-Werk.

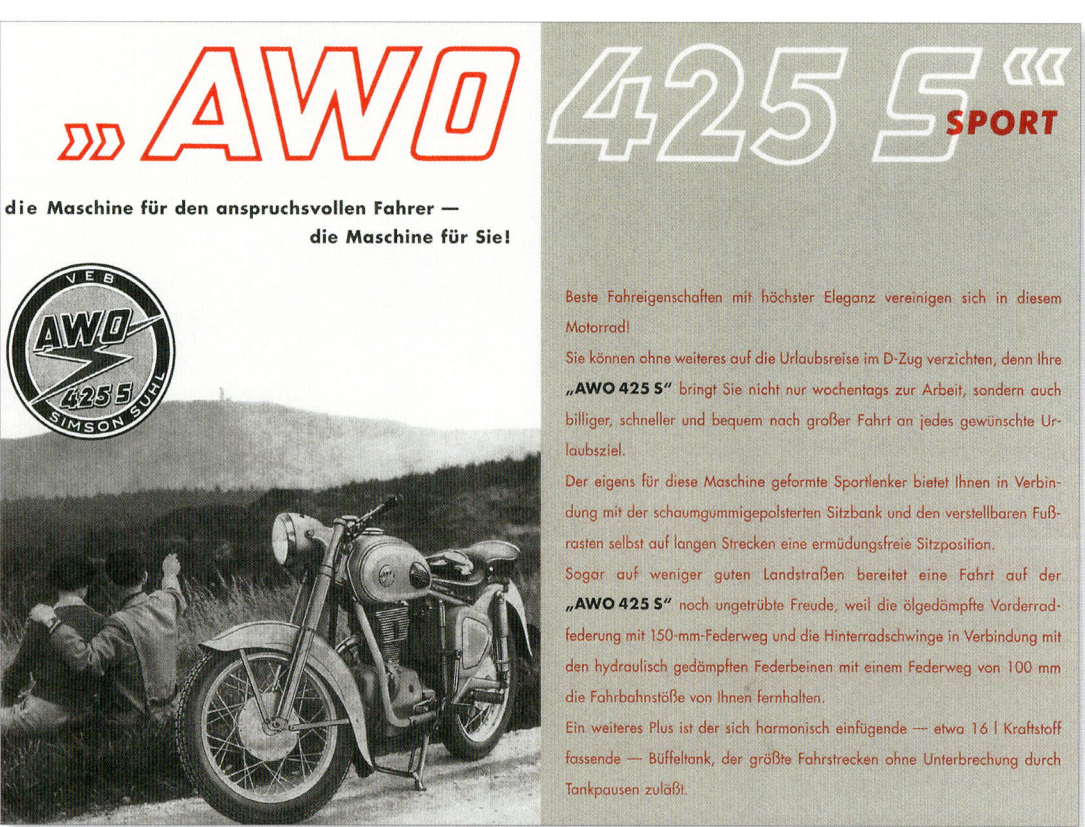

Der leistungsstärkere Motor der Sport-AWO war deutlich am geänderten Zylinderkopf zu erkennen. Das Hinterrad hing jetzt an einer Schwinge.

Es war keine Sensation, als die 425 S 1955 auf dem Markt ersch[...] DDR-Fahrzeugbau. Schon zehn Jahre später wäre eine moderne Vi[...]

Immerhin avancierte der thüringische Hersteller danach zu einem der weltweit größten Produzenten von Mopeds, Mokicks, Kleinkrafträdern und Kleinrollern in den Hubraumgrößen 50 und 70 ccm und fuhr sehr erfolgreich bei internationalen Geländesport-Wettbewerben mit. Das änderte sich alles schlagartig mit der politischen Wende, beginnend im Novem-

ber 1989. Simson ging fortan einen sehr ähnlichen Weg wie MZ, der ständig haarscharf an der endgültigen Pleite vorbeiführte. Von den einst rund 4000 Beschäftigten waren im Jahre 1996, als man in Suhl gerade mit der Entwicklung eines neuen 125er-Motorrades begann, gerade noch knapp 200 übrig geblieben. Aber alle Bemühungen, Neufirmierungen

und Besitzerwechsel der folgenden Jahre halfen nichts: Im Sommer 2002 meldete Simson erneut Konkurs an und im September liefen die letzten Mokicks und Motorräder vom Band.

haltung für die wirtschaftlichste Ausnutzung der Motorleistung. Das ist unwichtig für Sie, denn Sie wollen ja nicht nur gut, sondern auch möglichst billig fahren.

die Bremsen? Auch in schwierigen Situationen ist Ihre Fahrsicherheit ...n die großdimensionierten Vollnabenbremsen bestens gewährleistet.

wenn Sie einmal Gelegenheit hatten, die „AWO 425 S" eingehend ...erz und Nieren zu prüfen, dann kommen Sie wie viele andere zu dem ...onis:

Ein rassiges Fahrzeug!

...e logische Folge der zu dieser Zeit noch möglichen Aktivitäten im ...undenkbar gewesen.

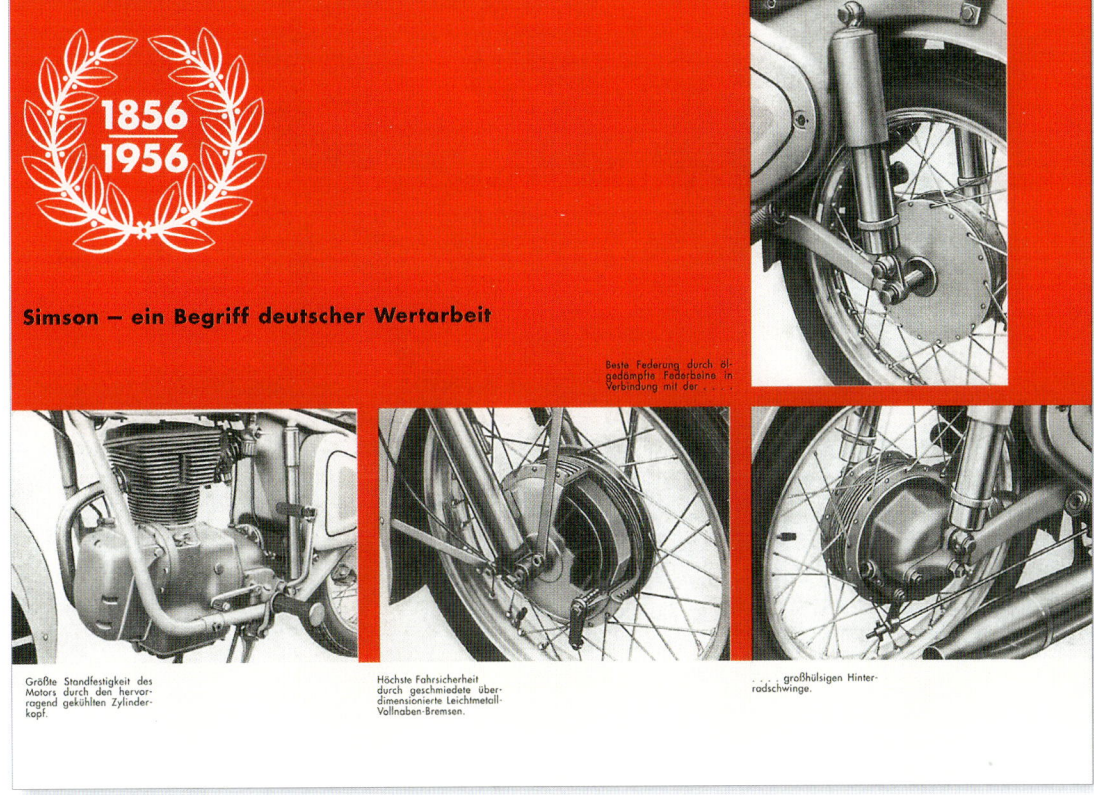

Für den Absatz in der DDR waren Werbeprospekte niemals nötig gewesen; Begriffe wie »Simson« und »deutsche Wertarbeit« sollten Exportkunden überzeugen.

Ende der fünfziger Jahre hat der Kundendienst im DDR-Fahrzeugbau noch einigermaßen funktioniert.

Noch im gleichen Jahr erschien ein weiterer Prospekt für die neue Maschine, die jetzt aber Simson 425 S genannte wurde. Der Innenteil des Prospekts war mit seinem Vorgänger identisch, lediglich die Tankembleme wurden getauscht und anstelle von AWO stand jetzt Simson.

Für das Modelljahr 1957 gab es für die 425 S neben neuen Lackierungen auch zwei gut gepolsterte Einzelsitze, die das Fahren auf längeren Strecken erheblich bequemer machten.

Das volle Programm: Simson 425 S mit Stoye-Seitenwagen und IWL-Einachsanhänger »Campi« (ebenfalls bei Stoye in Leipzig hergestellt), für den es allerdings einer Einzelsondergenehmigung bedurfte.

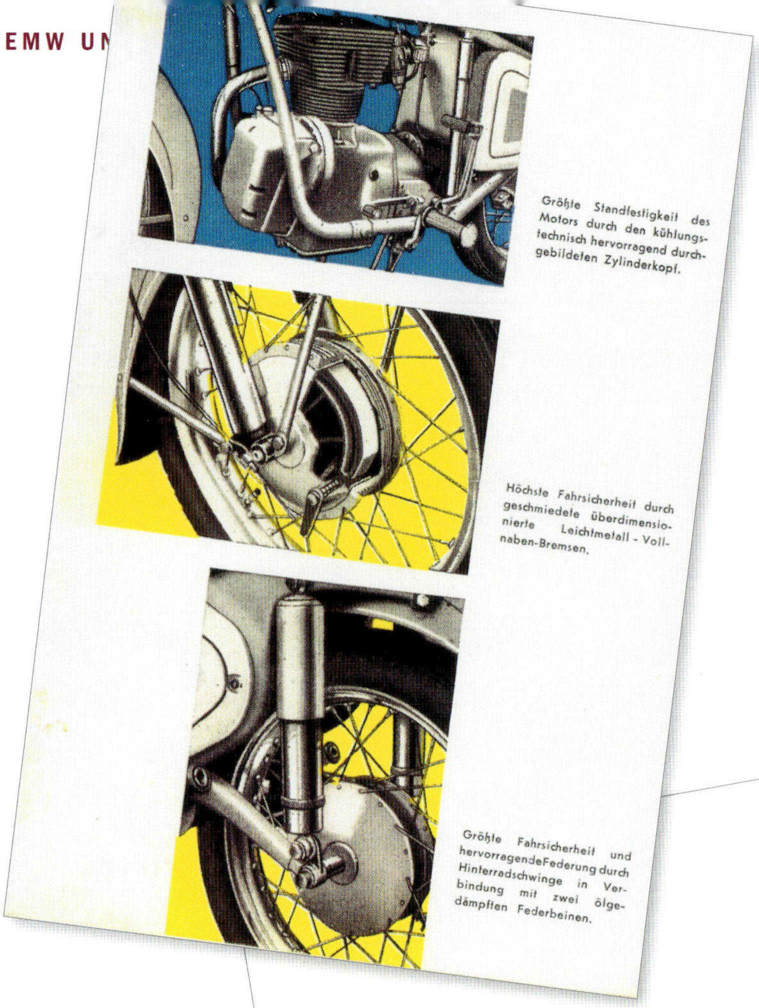

Größte Standfestigkeit des Motors durch den kühlungstechnisch hervorragend durchgebildeten Zylinderkopf.

Technische Details, wie sie zuvor schon wiederholt dargestellt wurden.

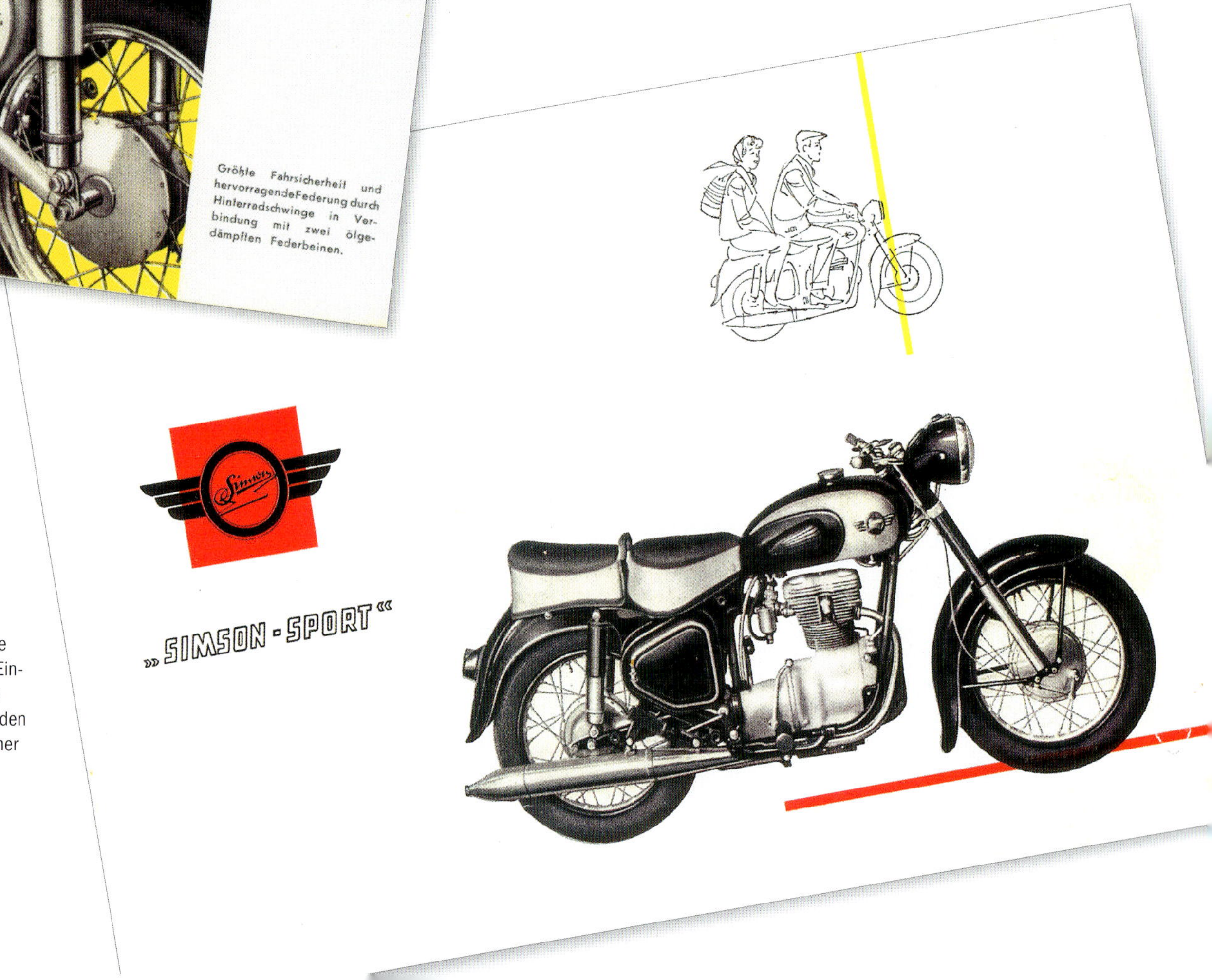

Höchste Fahrsicherheit durch geschmiedete überdimensionierte Leichtmetall - Vollnaben-Bremsen.

Größte Fahrsicherheit und hervorragende Federung durch Hinterradschwinge in Verbindung mit zwei ölgedämpften Federbeinen.

»SIMSON - SPORT«

Der Prospekt von 1958 zeigt die Simson 425 S mit den dicken Einzelsitzen. Die Maschine kostete übrigens 3.200 Mark (Ost), für den damaligen Durchschnittsverdiener mit etwa 500 Mark im Monat nahezu unerschwinglich.

Ein Detailausschnitt eines für den 58er Simson-Gesamtprospekt geschossenen Weitwinkelfotos zeigt die beiden Sportmaschinen in idyllischer Umgebung.

»SIMSON-SPORT«

Einzylinder-Viertaktmotor
250 cm³ · 14 PS
Vierganggetriebe · Kardanantrieb
Höchstgeschwindigkeit 100 km/h

FROHE FERIENFAHRT MIT

Exporteur:
Deutscher Innen- und Außenhandel Transportmaschinen
Berlin W 8, Mohrenstraße 61

Ein Traum in Lack und Chrom für alle motorradbegeisterten Männer im Osten, damals – wie durchaus noch heute!

Auf der letzten Prospektseite ist einmal mehr zu sehen, wofür

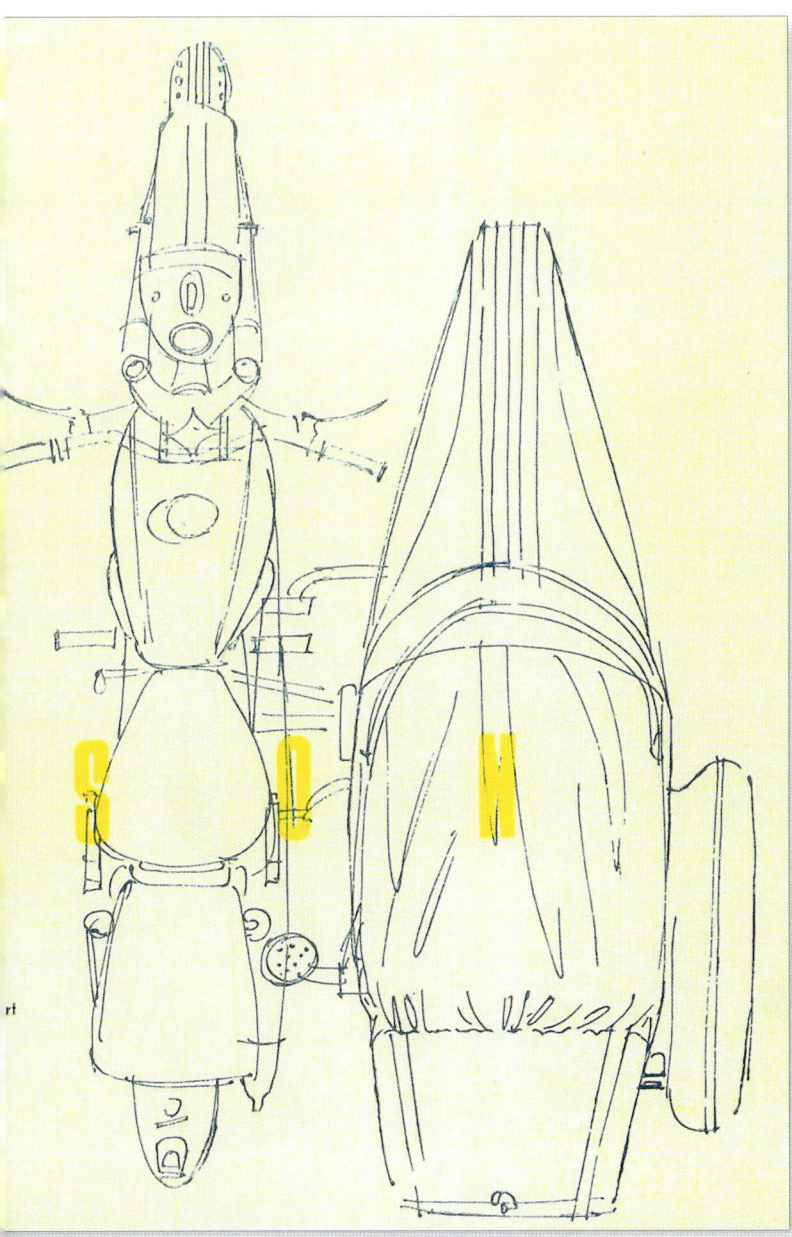

eigentlich gemacht wurde.

Im Innenteil blieb der Prospekt immer noch recht einfalls- und farblos.

Simson Motorrad-Prospekttitel von 1959. So stellte sich die Parteipropaganda den Sozialismus vor.

1960 die typus

Die neue Brennraumform im Zylinderkopf, die in der Fachsprache als „Quetschkopf" bezeichnet wird, bewirkt eine bessere Durchwirbelung des Kraftstoff-Luftgemisches und trägt somit zur weiteren Leistungssteigerung bei gleichzeitiger Senkung des Kraftstoffverbrauches bei.

SIMSON-SPORT

Die neuen Federbeine der SIMSON-Sport mit doppelt wirkenden hydraulischen Zweikammer-Stoßdämpfern gewährleisten eine exakte Bodenhaftung des Hinterrades und damit eine hervorragende Straßenlage.

Motor	Einzylinder-Viertakt-Motor OHV, stehend luftgekühlt
Hubraum	247 ccm
Bohrung	68 mm
Kolbenhub	68 mm
Leistung	15,5 PS bei 6300 U/min
Verdichtung	8,4 : 1
Vergaser	BVF-Nadeldüsenvergaser 25,5 KN 2-1 mit Hohlschieber, Naßluftfilter
Zündanlage	Magnetzündanlage mit automatischer Zündzeitpunktverstellung
Lichtanlage	Lichtmaschine IKA Typ LMR 6/60 Leistung 60 W mit getrenntem Regler Nickelkadmium-Batterie 6 V/8 Ah
Kupplung	Elastische Einscheibentrockenkupplung
Getriebe	Viergang-Zahnradgetriebe mit Fußschaltung und elektrischer Leerlaufanzeige
Kraftübertragung	vom Getriebe zum Hinterradantrieb über Gummigelenk — Gelenkwelle — Kreuzgelenk
Untersetzung im Kardan	Solo 3,86 : 1, Seitenwagen 4,66 : 1
Fahrwerk	Verwindungssteifer, geschlossener Doppelrohrrahmen, seitenwagenfest
Federung	Teleskopgabel, Hinterradschwinge mit Federbeinen (für Solo- und Soziusbetrieb einstellbar)
Sitze	2 Einzelsitze mit Schaumgummieinlage
Bereifung	vorn: 3,25 - 18, hinten: 3,50 - 18
Bremsen	äußerst wirksame Leichtmetall-Vollnabenbremsen 180 mm ⌀
Radstand	1375 mm
Mittlere Sitzhöhe	750 mm
Leergewicht, fahrfertig	156 kg (ohne Kraftstoff)
Tankinhalt	16 l, davon 1,5 l Reserve
Kraftstoffverbrauch	nach DIN 70030 Solo 3,7 l/100 km
Höchstgeschwindigkeit	110 km/h Solo; 90 km/h mit Seitenwagen

Konstruktionsänderungen vorbehalten

Letzter Prospekt für die Simson 425 S von 1961. Hier wird erklärt wie die Leistungssteigerung auf 15,5 PS erreicht werden konnte.

Ein Traum wird Wirklichkeit! Das 20. Jahrhundert brachte uns die Erfüllung eines uralten Traumes der Menschheit: Große Entfernungen schnell und sicher zurückzulegen. Auch Ihr Traum wird Wirklichkeit, wenn Sie die SIMSON-Sport als Ihr Fahrzeug wählen, denn sie ist das Motorrad für den anspruchsvollen Sportenthusiasten, der Höchstes von einem Motorrad verlangt.

Die vielen Goldmedaillen, Siege und Meisterschaften bei nationalen und internationalen Geländefahrten, Straßenrennen und Moto-Cross-Veranstaltungen beweisen, daß SIMSON-Motorräder allen Belastungen standhalten.

Es stimmt schon: Der Kluge fährt SIMSON!

Erst zum Schluss zog Farbe in die Darstellung der Motorräder ein. Als dieser Prospekt erschien, wusste die Öffentlichkeit noch nicht, dass die Tage der »Sport-AWO« gezählt waren.

Natürlich war die tolle Maschine auch auf mehreren Titelseiten der DDR-Fachpresse zu sehen – meistens mit einem Seitenwagen.

Die MZ ES 250 kostete 190 Mark weniger als die Simson 425 S. Wer es sich leisten konnte und Beziehungen hatte, wählte aber auf jeden Fall die Viertakt-Maschine – solange es sie noch gab!

Im letzten Produktionsjahr war die 425 S noch einmal leicht überarbeitet und mit etwas mehr Power erschienen. Der einfache Arbeiter konnte nicht der Zielkunde sein.

PRÄZISION IN JEDEM DETAIL

SIMSON-SPORT

- mit verbessertem, leistungsstarkem 250-cm³-OHV-Motor, günstigerem Drehmomentverlauf, hoher Spitzenleistung sowie niedrigem Kraftstoffverbrauch durch die Einführung der neuen Brennraumform und des Kolbens mit Quetschkante

- Kurbelwelle mit Fertigungstoleranz von nur einem Hundertstel Millimeter und Laufzeiten bis zu 30000 km

- Mit wartungsfreiem Achsantrieb, der mit dem Klingelnberg-Palloid-verzahnten Teller- und Kegelrad höchsten Ansprüchen im Fahrbetrieb gerecht wird

- Größere Laufruhe durch in Gummi gelagerten Motorgetriebeblock

- Erhöhter Fahrkomfort durch Federbeine mit doppeltwirkender hydraulischer Stoßdämpfung, mit großer Verschleißfestigkeit, langer Lebensdauer, Einstellmöglichkeit für Solo- u. Soziusbetrieb

GUT FÄHRT, WER SIMSON WÄHLT!

Noch einmal zusammengefasst, mit welchen Verbesserungen die Simson 425 S in die letzte Etappe ging.

Eine Mischung aus 425 S und der 350-ccm-Geländesportmaschine war das Eskorte-Modell, das im Auftrag des Innenministeriums gebaut wurde und für das es keine Werbung gab.

Und Werbung gab es natürlich auch nicht für diesen Prototyp eines teilverkleideten, möglichen Nachfolgemodells mit 350-ccm-Motor.

8

AWO-SIMSON-MOTORRÄDER IM MOTORSPORT

Kaum waren die ersten Serien-AWOs auf den Straßen der DDR zu sehen, starteten sie auch schon bei diversen sportlichen Veranstaltungen. Ende 1951 begannen die Suhler auf Befehl der immer noch bestimmenden SAG AWTOWELO mit der Entwicklung einer Straßenrennmaschine. Der damalige Leiter der Versuchsabteilung und echte Motorradprofi Michael Heise übernahm die Leitung des Projekts,

aus dem heraus schließlich 15 Rennmaschinen entstanden. Noch recht bescheidene 24 PS und ein noch sehr von der Serien-AWO bestimmtes Fahrwerk reichten dennoch, um schon 1953 die DDR-Meisterschaft mit Rudi Juhrisch in der 250er Klasse zu erringen. Der junge Hans-Joachim Scheel schaffte das in den beiden folgenden Jahren, in denen die Urkonstruktion der AWO 425 R aber

schon zahlreiche Verbesserungen erhalten hatte. Eine Hinterradschwinge, insgesamt längere Federwege, größere Bremsen und die erste Bugverkleidung sorgten 1954 für Konkurrenzfähigkeit. Scheel wurde mit dieser Maschine beim Großen Preis der CSSR in Brünn (zählte nicht zur Fahrer-WM) immerhin Dritter.

Eine von 15 AWO-Rennmaschinen, die 1953 in Suhl gebaut wurden und durch Tuningmaßnahmen am Motor auf 24 PS kamen. Bereits 1952 waren mit einer solchen Maschine erste Siege eingefahren worden.

Die neue Renn-AWO mit dem jungen Hans-Joachim Scheel war dem *Illustrierten Motorsport* im Herbst 1953 eine Titelseite wert.

Helmut Weber, der DDR-Meister von 1957, war im Jahr zuvor – wie hier im Leipziger Stadtpark – noch mit der alten AWO 425 R unterwegs.

Fahrer und Maschine wie aus einem Guß: Der junge Hans-Joachim Scheel auf seiner Renn-AWO. Nach seiner bravourösen Fahrt in Schleiz nunmehr Sieger in Bernau vor dem DDR-Meister in der 250er Klasse

1955 sollten mit der Gründung des Simson-Rennkollektivs unter der Leitung von Helmut Dähn (Michael Heise hatte sich im gleichen Jahr in den Westen abgesetzt) die Kräfte für den Motorradsport gebündelt werden. Trotz stets knapper Mittel fuhren die Thüringer nicht nur in der DDR erfolgreich mit und obwohl es nie zum großen Durchbruch reichte, bekam Simson zum Ende der fünfziger Jahre auf den Rundstrecken Europas einen klangvollen Namen. In der DDR wurden Fahrzeuge und Fahrer sogar schon zu Lebzeiten Legende.

1956 fuhren die jetzt Simson RS 250 genannten Maschinen mit überarbeitetem Motor (zwei oben liegende Nockenwellen über Dreieckskette angetrieben) unter den Fahrern Rosenbrock und Weinert nur bescheidene Erfolge ein, bevor Helmut Weber (1957) und Hans Weinert (1958) dann wieder DDR-Straßenmeister wurden. Zu größeren internationalen Erfolgen reichte es aber trotz weiterer Verbesserungen der Rennmaschinen nicht mehr. Der Kardan wurde durch einen Kettenantrieb abgelöst, völlig neue Ein- und Zweizylindermotoren, die nichts mehr mit den Serientriebwerken gemein hatten, kamen zum Einsatz und eine Kurzhebelschwinge führte das Vorderrad. Trotzdem kamen die Thüringer Viertakter nach 1958 nicht mehr an den Zweitaktern von MZ vorbei. Mit dem Beschluss, das Ende

des Motorradbaus in Suhl einzuleiten, lösten die Funktionäre das Rennkollektiv 1959 wieder auf (damit endeten auch alle Aktivitäten an den Rennmaschinen)

und ließen lediglich noch eine kleine Gruppe im Geländesport weiterfahren. Mit dem Auslaufen der Simson-425-Produktion war auch das 1961 vorbei.

Die ersten Verkleidungen für die Renn-Awos wurden 1954 ausprobiert. Diese hier stammt samt Maschine von 1956/57.

Nach 1955 kamen unter der Bezeichnung Simson RS 250 Rennmaschinen zum Einsatz, die mit den früheren Serienmodellen nichts mehr gemein hatten. Kurzhebelschwinge vorn, Kette statt Kardan, leichter Doppelrohrrahmen und Doppelnockenwellenmotor waren die wichtigsten Eckpunkte.

Drei Generationen von Renn-Awos: Links die ab 1953 eingesetzte 425 R, in der Mitte das 56er Modell noch mit Telegabel, aber kettengetriebener Doppelnockenwelle, und rechts die letzte Entwicklung mit Kurzhebelschwinge und zahnradgetriebener Doppelnockenwelle.

Im Geländesport waren die AWOs ebenfalls von Anfang an mit dabei. »Leistungsprüfungsfahrten« nannte man damals, was heute Enduro-Wettbewerbe sind. Die Geländeeinsätze waren zu jener Zeit allerdings weniger Moto-Cross-lastig als in den letzten drei Jahrzehnten.

Anfangs fuhr man noch mit einer Geländeausführung der Touren-AWO. Analog zu den Straßenrennern konnten mit der AWO 425 G die DDR-Meisterschaften der Jahre 1953 bis 1955 und dann wieder 1957 und 1958 gewonnen werden. 1957 auch mit der neuen Simson GS 350, einer international absolut konkurrenzfähigen Maschine, an der noch bis 1961 gefeilt wurde.

Ab Mitte der fünfziger Jahre stiegen die Suhler Viertakter dann auch sehr erfolgreich in den gerade aufkommenden Moto-Cross-Sport ein. Simson stellte hier von 1956 bis 1959 die DDR-Meister der Klassen 250 und 350 ccm und holte noch 1960 bei internationalen Veranstaltungen 18 erste Plätze. Simson war in dieser Sportart durchaus als Trendsetter zu bezeichnen und selbst der Schwabe Walter Heubach tauschte seine Maico gegen eine Simson-Cross-Maschine. Er ging aber nach der Einstellung der Suhler Sportaktivitäten wieder in den Westen zurück.

1957 baute Simson rund 60 Geländesport-maschinen in Kleinserie auf, die entweder exportiert oder an staatlich organisierte Clubs abgegeben wurden.

Auf dem Ende des Jahres 1955 herausgebrachten Simson-Motorrad-Prospekt konnten die Thüringer ihre Erfolge auf der Straße und im Gelände präsentieren.

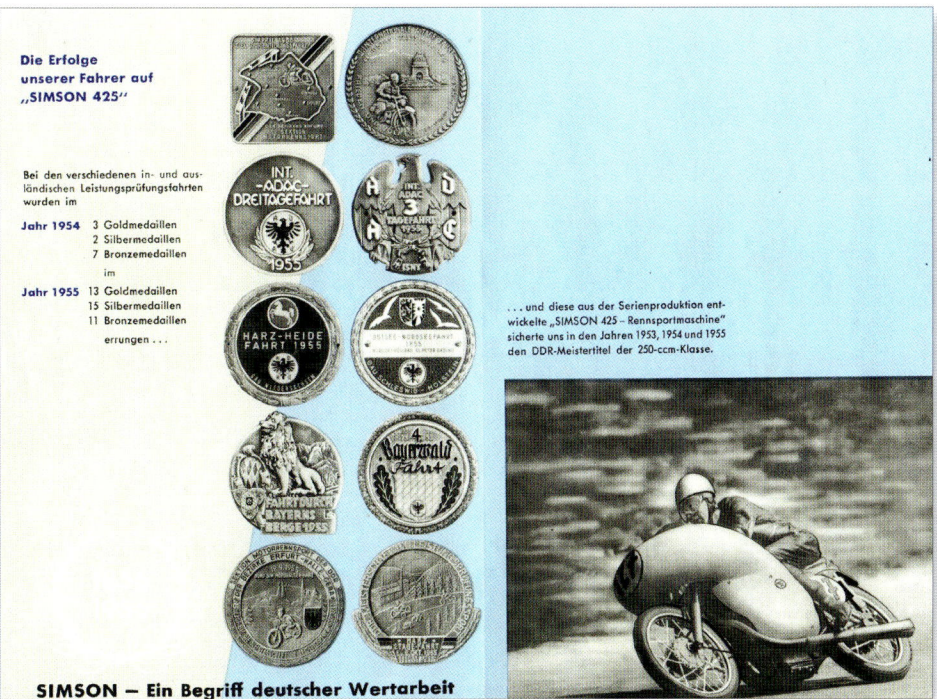

Im darauf folgenden Jahr waren noch ein paar Siege hinzugekommen.

Für Moto-Cross-Einsätze wurden die GS-Maschinen fahrwerkseitig leicht verändert. Im Bild der spätere DDR-Meister Walter Knoch beim ersten Start des Jahres 1957 in Kyritz.

Lothar Bock, DDR-Geländemeister 1958, siegte auch

Illustrierter MOTOR SPORT

ADMV

Simson

Simson

Simson

Organ des
Allgemeinen
Deutschen
Motorsport-Verbandes

Heft 25

8. Jahrgang · 1. Dezember 1958 · –,75 DM

Organ des
Allgemeinen
Deutschen
Motorsport-Verbandes

Heft 23

8. Jahrgang · 3. November 1958 · –,75 DM

d um Zschopau« im gleichen Jahr.

Karl Nier (rechts) gewann 1958 die DDR-Cross-Meisterschaft in den Klassen 250 und 350 ccm. Jeweils Zweiter und Dritter wurden Walter Knoch (Mitte) und Walter Heubach.

Obwohl das Ende des Motorradbaus in Suhl längst beschlossene Sache und die Sportabteilung aufgelöst war, fuhren Simson-Maschinen noch bis 1961 in Geländesport-Wettbewerben mit.

Am Ende ihrer Entwicklung gab die Simson GS 350 im Jahre 1961 rund 24 PS an die Kurbelwelle ab. Hätte man die Thüringer gelassen, wäre da noch viel möglich gewesen.

DDR-STRASSENRENNSPORTMEISTER

Jahr	Fahrer	Motorrad	Hubraumklasse
1953	Rudi Juhrisch	AWO 425 R	250
1954	Hans-Joachim Scheel	AWO 425 R	250
1955	Hans-Joachim Scheel	AWO 425 R	250
1957	Helmut Weber	Simson RS 250	250
1958	Hans Weinert	Simsin RS 250	250

DDR-MEISTER MOTORRADGELÄNDESPORT

Jahr	Fahrer	Motorrad	Hubraumklasse
1953	Rolf Neubert	AWO 425	250
1954	Woldemar Lange	AWO 425	250
1955	Gottfried Pohlan	AWO 425 G	250
1955	Mannschaft	AWO 425 G	250
1957	Mannschaft	Simson GS 250	250
1957	Günther Claring	Simson GS 350	350
1958	Lothar Bock	Simson GS 250	250

DDR-MEISTER MOTO-CROSS

Jahr	Fahrer	Motorrad	Hubraumklasse
1956	Walter Knoch	Simson 425 GS	250
1957	Walter Knoch	Simson 350 GS	350
1958	Karl Nier	Simson 250 GS	250
1958	Karl Nier	Simson 350 GS	350
1959	Karl Nier	Simson 250 GS	250
1959	Walter Heubach	Simson 350 GS	350

9

TECHNISCHE DATEN

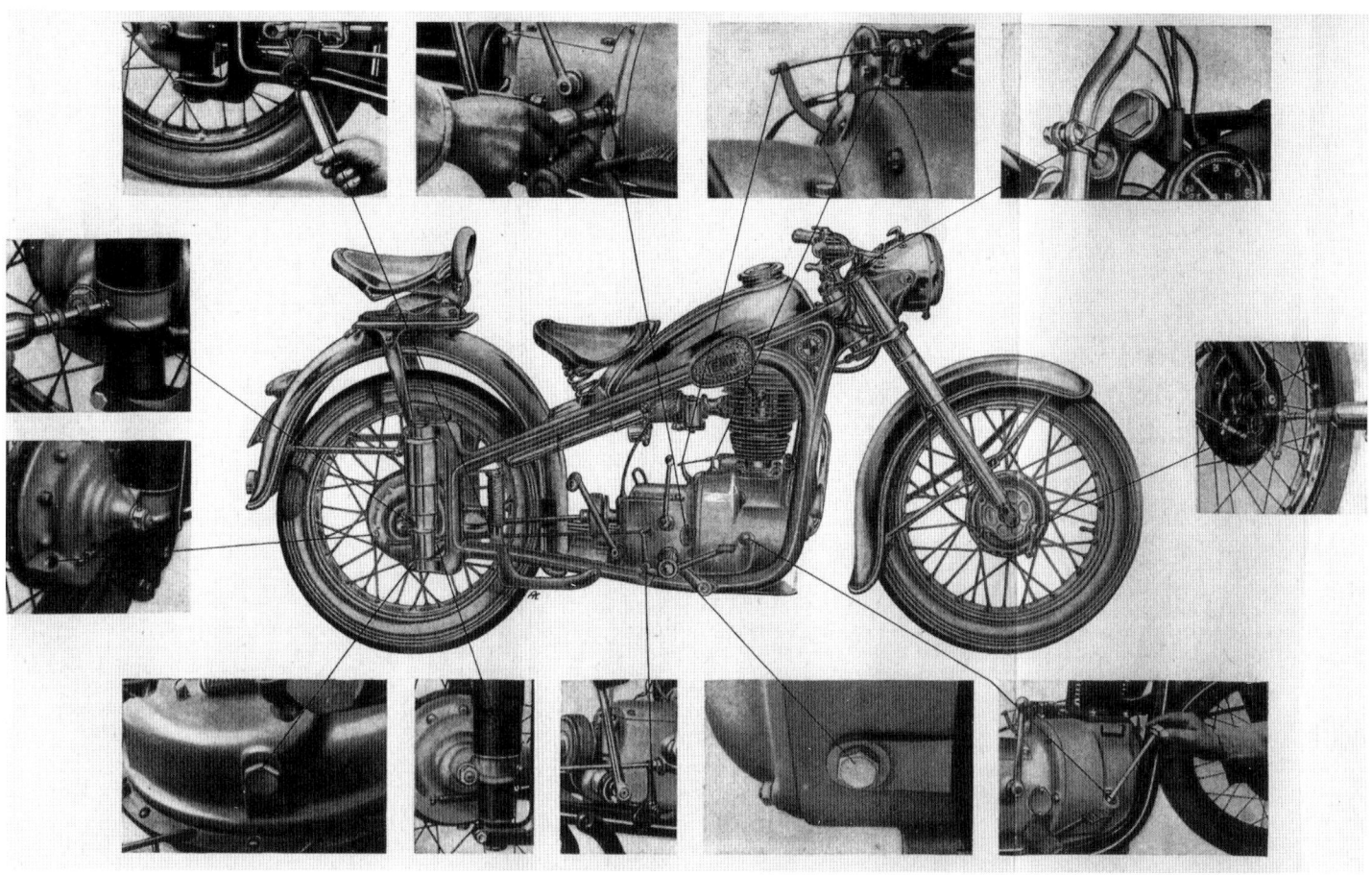

Modell	R 12	R75	R 35	R 35/2	R 35/3
Bauart	Motorrad	Motorrad	Motorrad	Motorrad	Motorrad
Motor	BMW-Viertakt	BMW-Viertakt	BMW-Viertakt	EMW-Viertakt	EMW-Viertakt
Hubraum ccm	745	745	342	342	342
Leistung PS	18	26	14	14	14
bei Drehzahl 1/min	3400	4000	4500	4500	5250
Zylinderzahl	2/Boxer	2/Boxer	1	1	1
Bohrung/Hub mm	78/78	78/78	72/84	72/84	72/84
Verdichtung :1	5,2	5,8	6	6	6
Gassteuerung	ohv	ohv	ohv	ohv	ohv
Vergaser	SUM-Register	Graetzin	SUM-Dreidüsen	SUM-Dreidüsen	SUM-Dreidüsen
Durchlass mm	1 x 25 mm	2 x 24	24	24	24
Starter	Kick	Kick	Kick	Kick	Kick
Zündung	Bosch-Magnet	Noris-Magnet	Bosch-Batterie	Batterie	Batterie
Kraftübertragung					
Getriebe/Gangzahl	4	4 Straße/4 Gelände/1 Rückwärts	4	4	4
Schaltung	Hand (Kulisse)	Fuß/Hand	Hand (Kulisse)	Fuß/Hand	Fuß/Hand
Hinterradantrieb	Kardanwelle	Kardan	Kardan	Kardan	Kardan
Fahrwerk					
Rahmen	Doppelschleifen-Pressstahl	Doppelschleifen-Stahlrohr	Doppelschleifen-Pressstahl	Doppelschleifen-Pressstahl	Doppelschleifen-Pressstahl
Vordergabel	Teleskop	Teleskop	Teleskop	Teleskop	Teleskop
Federung vorn	Druckschraubenfedern	Druckschraubenfedern	Druckschraubenfedern	Druckschraubenfedern	Druckschraubenfedern
Federung hinten	keine	keine	keine	keine	Geradweg-Teleskop
Dämpfung vorn	hydraulisch	hydraulisch	keine	keine	hydraulisch
Dämpfung hinten	keine	keine	keine	keine	keine
Bremse vorn	Trommel 200 mm	Trommel 250 mm	Trommel 160 mm	Trommel 160 mm	Trommel 160 mm
Bremse hinten	Trommel 200 mm	Trommel 250 mm	Trommel 180 mm	Trommel 180 mm	Trommel 180 mm
Reifen vorn	3,50x19	4,50x16	3,50x19	3,50x19	3,50x19
Reifen hinten	3,50x19	4,50x16	3,50x19	3,50x19	3,50x19
Maße und Gewichte					
Tankinhalt Liter	14	24	12	12	12
Radstand mm	k. A.	k. A.	1300	1300/1330	1400
Leergewicht kg	185	420 (inkl. Seitenwagen)	162	162	175
Zul. Gesamtgewicht kg	k. A.	k. A.	350	350	365
Höchstgeschwindigkeit km/h	110	95	100	105	110
Verbrauch l/100 km	5,4	6,3	3	3	3
Farben	schwarz	schwarz	schwarz	schwarz	schwarz (Export auch braun-rot o. silbergrau)
Linierung	cremeweiß	keine	cremeweiß	cremeweiß	cremeweiß (Export auch alt-weiß o. blau)
Baujahre	1945/46	1945/46	1945-51	1951/52	1952-55
Stückzahl	102 (in der SBZ)	232 (in der SBZ)	26 000	8000	56 000
Preis DM/Ost	unverkäuflich	unverkäuflich	2.235,-	2.290,-	2.480,-

Modell	AWO 425	Simson 425 T	Simson 425 S	Simson 425 GS	Simson-Eskorte
Bauart	Motorrad	Motorrad	Motorrad	Enduro	Motorrad
Motor	Simson-Viertakt	Simson-Viertakt	Simson-Viertakt	Simson-Viertakt	Simson-Viertakt
Hubraum ccm	247	247	247	350	350
Leistung PS	12	12	14/15,5	17,5	23
bei Drehzahl 1/min	5500	5500	6300/6800	7200	k.A.
Zylinderzahl	1	1	1	1	1
Bohrung/Hub mm	68/68	68/68	68/68	k. A.	k. A.
Verdichtung :1	6,7	6,7	7,2/8,3	8	k. A.
Gassteuerung	ohv	ohv	ohv	ohv	ohv
Vergaser	BVF Flachschieber	BVF Rundschieber	BVF Rundschieber	BVF Flachschieber	BVB Flachschieber
Durchlass mm	22	22	25,5	26	26
Starter	Kick	Kick	Kick	Kick	Kick
Zündung	IKA Magnet	IKA Magnet	IKA Magnet	IKA Magnet	IKA Magnet
Kraftübertragung					
Getriebe/Gangzahl	Zahnrad/4	Zahnrad/4	Zahnrad/4	Zahnrad/4	Zahnrad/4
Schaltung	Fuß	Fuß	Fuß	Fuß	Fuß
Hinterradantrieb	Kardanwelle	Kardanwelle	Kardanwelle	Kardanwelle	Kardanwelle
Fahrwerk					
Rahmen	Stahlrohr mit doppeltem Unterzug	Stahlrohr mit doppeltem Unterzug	Stahlrohr mit doppeltem Unterzug	Stahlrohr mit doppeltem Unterzug	Stahlrohr mit doppeltem Unterzug
Vordergabel	Teleskopgabel	Teleskopgabel	Teleskopgabel	Teleskopgabel	Teleskopgabel
Federung vorn	Schrauben	Schrauben	Schrauben	Schrauben	Schrauben
Federung hinten	Geradweg	Geradweg	Schwinge mit Federbeinen	Schwinge mit Federbeinen	Schwinge mit Federbeinen
Dämpfung vorn	keine	Reibung	hydraulisch	hydraulisch	hydraulisch
Dämpfung hinten	keine	Reibung	hydraulisch	hydraulisch	hydraulisch
Bremse vorn	Halbnabe 160 mm	Trommel 180 mm	Vollnabe 180 mm	Vollnabe 180 mm	Vollnabe 180 mm
Bremse hinten	Halbnabe 180 mm	Trommel 180 mm	Vollnabe 180 mm	Vollnabe 180 mm	Vollnabe 180 mm
Reifen vorn	3,25x19	3,25x19	3,25x18	3,50x19	3,25x18
Reifen hinten	3,25x19	3,25x19	3,25x18	4,00x18	3,25x18
Maße und Gewichte					
Tankinhalt Liter	12	12	16	16	16
Radstand mm	1361	1361	1375	1375	1375
Leergewicht kg	140	140	162	157	157
Höchstgeschwindigkeit km/h	100	100	110	k. A.	130
Verbrauch l/100 km	3,3	3,3	3,7	k. A.	k. A.
Farben	schwarz	schwarz	schwarz, beige, weinrot, blau	schwarz	
Linierung	weiß	weiß	weiß, gold, weiß, weiß	weiß	weiß
Baujahre	1949-55	1955-60	1955-61/1961/62	1957-59	1957
Stückzahl	124 000	124 000 (AWO T gesamt)	84 600	ca. 80	30
Preis Mark (Ost)	2.420,-	2.420,-	3.200,-	k. A.	unverkäuflich